Mein erster Oldtimer

Kaufberatung
Technik
Pflege

Delius Klasing Verlag

FOTO: MAURITIUS-IMAGES / FACT

Vorwort

███ Erst im Oldtimer wird die Landstraße zum Genuss. In ihm geht es nicht um Tempo, nicht um Assistenzsysteme, auch nicht um Komfort. In ihm zählt das ungefilterte Erleben von Raum und Zeit. Jede Fahrt wird, im positiven Sinn, zu einer kleinen Reise, und immer ist sie ein besonderes Erlebnis.

Historische Technik ist nie frei von Emotionen. Sie kann faszinieren und manchmal fordern, sie erwartet Auseinandersetzung und ist dabei oft, auf ihre eigene, charmante Weise, sogar selbsterklärend. Young- und Oldtimer sind das Richtige für neugierige Entdecker.

Dieses Buch will mit dem umfangreichen Wissen der Experten von AUTO BILD KLASSIK allen Einsteigern helfen, die wichtigen Themen rund um den Klassiker zu verstehen. Wer sich für das Thema begeistert, sollte nicht zögern: Nie war es einfacher und problemloser, mit einem Klassiker unterwegs zu sein – sei es allein zum Entspannen, zu zweit ins Wochenende, mit Freunden oder Familie, vielleicht sogar als Teil eines spannenden Starterfelds bei einer Rallye.

Um Ihnen die Nutzung möglichst einfach zu machen, haben wir den Inhalt dieses Buchs in fünf große Themen aufgeteilt:

1. Entdecken
2. Kaufen
3. Fahren
4. Pflegen
5. Reparieren

Bewusst ausgeklammert bleibt dabei das große Feld der Restaurierung. Einen Klassiker in schlechtem Zustand von Grund auf instand zu setzen, bis er den eigenen, den historischen und den gesetzlichen Anforderungen wieder genügt, ist eine zeitlich wie finanziell enorm fordernde Aufgabe. Sie verdient eine eigene Betrachtung.

Inhalt

4. Pflegen

5. Reparieren

FOTO: ULI SONNTAG

7

1. Entdecken

So macht ein Oldtimer glücklich

Für Einsteiger ist die Oldtimerwelt so bunt wie unübersichtlich. Die gute Nachricht: Noch nie war der Einstieg so einfach, sogar für unbedarfte Laien.

■ Früher war alles besser, stöhnen alle, die ihre Augen gern vor dem Fortschritt verschließen. Stimmt nicht ganz, kommt hier der Konter: Autos waren früher nicht besser, ganz und gar nicht. Sie waren schlechter verarbeitet, kaum oder gar nicht konserviert (und rosteten sich meist innerhalb weniger Jahre auf den Schrottplatz), sie waren unpraktischer, undichter, weniger zuverlässig und viel unsicherer als unsere Autos heute. Sie verbrauchten mehr und ihre Abgase waren weit weniger sauber.

Und doch lieben wir sie. Wir lieben sie, weil sie für eine andere Zeit stehen. Sie faszinieren als Zeuge einer Epoche, die wir aus oft ziemlich einfach nachvollziehbaren Gründen schätzen. Es war die Zeit unserer Kindheit oder Jugend, in der die eigenen Eltern und Großeltern oder auch Nachbarn jene Autos fuhren, die heute unsere Erinnerung an diese Jahre so lebendig halten wie sonst fast nichts. Sie machen die Zeit, die uns prägte, mit allen Sinnen erfahrbar: In ihren Maßen und ihrem Design, ihren Klängen und Gerüchen, ihren Materialien und Details, ihren Schrullen und ihrer Einfachheit. Sie waren oft licht und hell in ihrem Inneren, fragil und kompakt.

Wer neu in diese Szene kommt, ist überwältigt von der Vielfalt an Marken und Modellen, an Angeboten und Zuständen. Dabei ist die Wahl gar nicht schwierig: Es muss ein Auto sein, das mit einem spricht. Wer nur kauft, was andere als schick empfinden, gewinnt nur schwer Vertrauen in die alte Technik. Ohne innere Verbindung startet es sich deutlich schwerer in die Szene. Nur ein Oldtimer, der ein starkes „Will-haben"-Signal sendet, ist ein guter Einstiegsoldtimer.

Das kann alles sein. Zum Beispiel der kleine Fiat 500, den einst die Mutter fuhr. Oder der 5er-BMW des Vaters, vielleicht auch der Käfer der Großeltern. Das Bauchgefühl, das eigene Herz, nennt hier die Lösung und setzt die Maßstäbe. Alle andere Kriterien folgen auf den Rängen.

Ist ein Modell im Fokus, aber nicht aus eigener Erfahrung bekannt, macht vor dem Kauf ein profundes Kennenlernen Sinn. Heute gibt es zu sehr vielen Oldtimern mehr oder weniger ausführliche Kaufberatungen, die in ihrer Summe ein ziemlich vernünftiges Bild der Realität zeichnen. Auch AUTO BILD KLASSIK hat zu unzähligen Modellen bereits Kaufberatungen veröffentlicht, dazu kommen Fahrberichte, Reportagen oder auch harte Tests. Dieses geballte Wissen schafft eine gute Grundlage für den nächsten Schritt in Richtung Kauf. Auch, ob man die Energie (und das Budget) für einen Exoten aufbringen möchte oder ob der rare Originalzustand mit wenigen Kilometern eher dem Suchprofil entspricht als der auf einen soliden, möglichst problemlosen Fahrwagen hin restaurierte Klassiker.

Wer auf den direkten Austausch mit Experten nicht verzichten mag, findet Ansprechpartner bei den zahlreichen Marken- und Modellklubs, die Mitgliedern ihr Wissen meist mit Kusshand weitergeben, schließlich eint sie der gemeinsame Enthusiasmus für ihr Objekt der Begierde. Für wen eine Mitgliedschaft noch zu früh kommt, der kann meist auch als Besucher zu einem Treffen kommen und dort Kontakte knüpfen – die meisten Klubs leiden in dieser zunehmend digitalen Zeit unter aktivem Interesse von Mitgliedern und freuen sich über Zuwachs.

Oft ist allein deren Wissen um kompetente Werkstätten und Schrauber eine Menge wert. Wer sich noch nicht auskennt, sollte zwingend einen vertrauenswürdigen Dienstleister an seiner Seite haben, dem man nicht erklären muss, dass der Wagen einen Vergaser und keine Einspritzanlage und erst recht kein On-Board-Diagnosesystem besitzt. Es gibt dieses Expertenwissen ziemlich flächendeckend, wenn auch vielleicht nicht unmittelbar vor der Haustüre. Es ist ein bisschen wie mit einem guten Facharzt: Man muss ihn erst finden, dann einen Termin bekommen. Doch anschließend ist man bei ihm in besten Händen.

Zuletzt noch ein kurzer Hinweis auf falsche Hoffnungen: Für die meisten sind Oldtimer ein Hobby, eine Herzensangelegenheit, die aus der Begeisterung geboren wird. Sie stellen ziemlich exakt das Gegenteil von denen dar, die meinen, mit einem Oldtimer Geld verdienen zu müssen. Investment versus Leidenschaft: Beides zusammen funktioniert nicht. Wer auf schnellen Gewinn schielt, muss den Marktmechanismus im Detail kennen. Einsteigern gelangen finanzielle Gewinne nur im Glücksfall. Umgekehrt bedeutet es nicht, dass ein Oldtimer, heute zum fairen Marktpreis erstanden, in zehn Jahren vielleicht doch mehr Geld wert sein könnte.

Mag sein, dass es so kommt. Nur sollte der Blick auf einen möglichen Wertzuwachs nie einen Kauf auslösen. So tickt die Szene nicht.

In einem Oldtimer entspannt auf Tour zu gehen, bedeutet Genuss – im optimalen Fall zumindest. Zugegeben, manches kann auch schiefgehen. Das passiert vor allem dann, wenn die eigenen Ansprüche nicht zur Komplexität des Autos passen wollen

So testen Sie sich selbst

Sie wissen noch gar nicht, ob ein Oldtimer überhaupt das richtige Spielzeug für Sie ist?
Kein Problem – mit unserem Test finden Sie schnell eine ehrliche Antwort

1. **Wie war Ihre erste Fahrt in einem Oldtimer?**
   a) Welche erste Fahrt? Die habe ich noch vor mir. (0 Punkte)
   b) Super. Ist aber bereits einige Jahre her. (1 Punkt)
   c) Sie hat mich so begeistert, dass ich selbst einen Oldtimer kaufen möchte. (2 Punkte)

2. **Saßen Sie schon einmal am Steuer eines Oldtimers?**
   a) Nein, die Chance hatte ich leider bisher nicht. (0 Punkte)
   b) Ja, aber ich durfte nur ein kurzes Stück fahren. (1 Punkt)
   c) Selbstverständlich – ich bin schon mehrere Hundert Kilometer selbst gefahren. (2 Punkte)

3. **Lesen Sie regelmäßig Fachzeitschriften wie AUTO BILD KLASSIK?**
   a) Nein, dafür fehlt mir einfach die Zeit. (0 Punkte)
   b) Mitunter, wenn ich ein Exemplar in die Hände bekomme. (1 Punkt)
   c) Jede Ausgabe! Ich brenne jedes Mal auf die Lektüre. (2 Punkte)

4. **Haben Sie einen Lieblingsklassiker?**
   a) Nein, da bin ich mir noch unschlüssig. (0 Punkte)
   b) Klar, aber ich weiß noch nicht allzu viel über das Modell. (1 Punkt)
   c) Einen? Ich finde aktuell mehrere Modelle höchst spannend. (2 Punkte)

5. **Waren Sie bereits als Besucher auf einer Oldtimerveranstaltung?**
   a) Nein, leider fehlte mir bisher die Zeit. (0 Punkte)
   b) Ja, bei einem lokalen Event. (1 Punkt)
   c) Selbstverständlich – und die nächsten stehen bereits im Terminkalender. (2 Punkte)

6. **Sind Sie fasziniert von handwerklicher Arbeit?**
   a) Nicht so sehr. Mit Werkzeug kann ich schlecht umgehen. (0 Punkte)
   b) Ja, aber eher wenn sie andere ausführen. (1 Punkt)
   c) Absolut, ich besitze auch einiges an Werkzeug. (2 Punkte)

7. **Wie viel Geduld haben Sie, wenn etwas nicht funktioniert?**
   a) Keine. Sonst wäre ich im Job nicht so weit gekommen. (0 Punkte)
   b) Nun ja, eine Reparatur sollte schon zügig klappen. (1 Punkt)
   c) Ich finde an Problemen die Lösung immer spannend. (2 Punkte)

8. **Können Sie in der Langsamkeit für sich Genuss finden?**
   a) Nun ja … Ich mag's eher, wenn ich Ziele schnell erreiche. (0 Punkte)
   b) Durchaus, allerdings ist mir Trödeln zuwider. (1 Punkt)
   c) Unbedingt. Und Umwege reizen mich besonders. (2 Punkte)

9. **Wie stehen Sie zum Thema Authentizität?**
   a) Mich interessiert das eher weniger. (0 Punkte)
   b) Weiß ich nicht. Um was geht es dabei? (1 Punkt)
   c) Positiv. Wichtig ist für mich, Substanz und individuelle Geschichte zu bewahren. (2 Punkte)

10. **Wie viel Zeit hätten Sie für Ihr neues Hobby?**
    a) Wenig. Meine freie Zeit hält sich in engen Grenzen. (0 Punkte)
    b) Ab und zu finde ich sicher einen freien Tag, um einen Ausflug zu machen. (1 Punkt)
    c) Eine ganze Menge. Ich freue mich auf die Beschäftigung mit einem Oldtimer. (2 Punkte)

11. **Sind Sie bereit, in Wartung und Reparaturen mehr zu investieren, als der Oldtimer wert ist?**
    a) Nein, das wäre ja unwirtschaftlich. (0 Punkte)
    b) Ja, wenn es nicht zu sehr den Wert übersteigt. (1 Punkte)
    c) Sicher, für mich hat das Hobby keinen wirtschaftlichen Aspekt. (2 Punkte)

12. **Haben Sie einen geeigneten Stellplatz in Aussicht für einen Oldtimer?**
    a) Nein, braucht es den wirklich? (0 Punkte)
    b) Noch nicht, aber den werde ich vermutlich finden. (1 Punkte)
    c) Ja, habe ich. (2 Punkte)

Wer einmal angebissen hat, kennt oft keinen Halt mehr. Denn mit den Kontakten in die Szene wächst das Vertrauen, es purzelt hier ein Kaufangebot herein oder da – und ruckzuck wird aus einem Einzelstück eine kleine Sammlung

Ergebnis

0 bis 5 Punkte

Schön, dass Sie dieses Buch in den Händen halten. Aber prüfen Sie sich nochmals genau: Ist ein Oldtimer das richtige Hobby für Sie? Vermutlich werden Sie mit diesen Voraussetzungen nicht glücklich mit einem klassischen Automobil.

6 bis 12 Punkte

Das sieht so aus, als wären Sie ein wenig unschlüssig, was Ihre Leidenschaft für altes Blech anbelangt. Fragen Sie sich nochmals genau, ob Sie ein Oldtimer wirklich glücklich machen kann – dieses Buch kann Ihnen dabei helfen.

13 bis 18 Punkte

Keine Frage, Sie schätzen Oldtimer. Dennoch zögern Sie an manchen Punkten noch. Fehlt Ihnen der Mut, die Möglichkeit oder die Erfahrung? Wir sind uns sicher, dass Sie in diesem Buch Antworten auf Ihre Fragen finden.

19 bis 24 Punkte

Herzlichen Glückwunsch – Sie sind bereits ein Fan durch und durch. Sollten Sie tatsächlich noch keinen Oldtimer haben, ist jetzt die richtige Zeit für Sie, sich um den Einstieg zu kümmern. Viel Spaß mit Ihrem Klassiker!

2. Kaufen

DER TRAUM VOM UNBERÜHRTEN OLDIE
Dieser Mercedes 220 war sein Leben lang in Kalifornien unterwegs – das verspricht gesundes Blech. Theoretisch ...

So klappt der Kauf ohne Risiko

Oldtimer verführen die Sinne. Das ist ihr großer Reiz – und ihre Gefahr. Wer mit kühlem Kopf kauft, hat später nicht weniger Fahrspaß. Diese Kaufberatung sagt, wie es Profis machen

FOTOS: M. BRASS

▬ Es ist ein unglaubliches Schnäppchen. Ein Rolls-Royce Silver Shadow für 3995 Pfund, das sind nicht mal 5000 Euro. Da bleibt sogar etwas Geld übrig, um den Tank öfter zu füllen, denkt der euphorisierte Käufer und malt sich seine künftigen Wochenenden aus. Klick im Netz. Auktion gewonnen.

Schon sieht er sich im eigenen Rolls durch die Stadt gleiten. Am Sonntag ein gepflegtes Picknick mit der Familie auf dem Land. Er spürt schon Wurzelholz und Connolly-Leder, setzt auf die un-

erschütterliche Qualität, die der große Name verspricht.

Alles Illusion? Ziemlich wahrscheinlich, dass die Realität anders aussehen wird. Wenn Probleme wie flaue Bremsen, altersmilde Stoßdämpfer oder das Stopfen der großen Löcher im Unterbo-

den den Geldbeutel leer saugen, ist er schnell wie eine Seifenblase geplatzt, der Traum vom ersten Oldtimer. Gut, ein Profi hätte den Silver Shadow auch gekauft. Aber nur zum Schlachten. Er hätte gutes Geld damit verdienen können. Oldtimer sollen Spaß bringen.

GAMMEL-ALARM?
Erster Rost am Lampentopf – am Ende kann das einen komplett neuen Kotflügel bedeuten

UNVERBASTELT – ABER AUCH NIE RICHTIG GEWARTET
Das Fahrwerk des Ponton-Benz muss komplett überholt werden – so was geht ins Geld. Viele Einsteiger unterschätzen die Kosten

Es spricht viel dafür, dieses Ziel schon beim Kauf zu verfolgen. Wer ein Auto zum Fahren sucht, sollte keines kaufen, das ihn zum ständigen Schrauben zwingt oder das vorhandene Budget sprengt. Klingt platt, passiert aber ständig. So viel Vernunft kann Abstriche fordern. Wie kribbelnd ist dagegen das spontane, verrückte Ja zum Überraschungsfund: Champagner für alle! Klar, so was geht. Es kostet aber.

Viele Wege führen zu einem Oldtimer. Unterm Strich bleibt als banale Erkenntnis, dass sich Einsteiger beim Kauf viel öfter verschätzen als Experten. Dagegen lässt sich etwas tun: Deren Wissen ist schließlich nicht geheim, wie AUTO BILD KLASSIK zeigt. Auch wenn sogar Insider manchmal dem spontanen Kaufreflex erliegen …

Die Qual der Wahl

Nie war das Angebot an Oldtimern so groß wie heute. Klingt seltsam, weil Altes nicht nachwächst. Aber zum einen haben die Youngtimer den Markt belebt, zum anderen fährt und handelt die Szene heute mit Mercedes Ponton, MGB oder Käfern, die vor zehn Jahren noch als Wracks in dunklen Ecken vor sich hin gammelten oder in den USA fuhren. Inzwischen sind viele restauriert, in höchst unterschiedlicher Qualität allerdings.

Die erste Frage wäre die nach dem richtigen Auto-Format. Oft steht ein genauer Typ im Mittelpunkt der Wünsche, vielleicht noch eine spezielle Motorisierung oder Details wie Schiebedach oder Lederpolster. An dieser Stelle ist ein Gedanke an die Infrastruktur sinnvoll: Wer seinen Klassiker häufig einsetzen will, braucht eine kundige Werkstatt. Je näher, desto besser.

Auch die Ersatzteilversorgung spielt eine wichtige Rolle. Besitzer populärer VW- oder Mercedes-Modelle haben es deutlich leichter als Liebhaber rarer Goliath oder Glas. Deren Autos haben dafür den höheren Seltenheitswert – als Lohn der Mühen.

Wer in die Szene eintaucht, bevor er kauft, macht weniger Fehler. Zum Beispiel glaubt er nicht mehr pauschalen Gerüchten wie dem, dass es für US-Klassiker alle Ersatzteile zu Dumpingpreisen gibt. Oder dass Mercedes-Modelle unzerstörbar sind. Die Wahrheit ist deutlich differenzierter.

Ideal ist es, wenn bereits ein Stellplatz zur Verfügung steht. Doch die Frage geht tiefer: Wie viel Schrauberei will man übernehmen? Ganz ohne wird es nicht gehen. Es hilft, sich etwas technisches Basiswissen anzueignen und sich eine Grundausstattung an Werkzeug samt Reparaturhandbuch zuzulegen. Die meisten Autowerkstätten sind mit Klassikern völlig überfordert: Welcher Mechatroniker weiß noch mit einem Solex-Vergaser etwas anzufangen? Dabei ist alte Technik viel simpler zu begreifen als heutige Konstruk-

tionen. Bei einem Ford Modell A aus den frühen 30er-Jahren genügt selbst Laien oft ein Hinsehen, um die Funktion eines Bauteils zu verstehen. Das gilt auch noch für viele Autos aus den späten 50ern. Wenn dagegen eine S-Klasse der 80er-Jahre strandet, kann das Problem schon tiefer liegen, irgendwo in den Elektronikwelten oder der Einspritzung beispielsweise. Mit etwas Werkzeug kommt man dann am Straßenrand nicht weiter.

Interessant sind vor dem Kauf auch Überlegungen über den Zustand. Lange Zeit galten restaurierte Klassiker als der Maßstab schlechthin. Das Bild hat sich gründlich gewandelt: Originale sind heute reizvoller denn je. Der erste Lack, das jahrzehntealte Kunstleder auf den Sitzen, dazu wenig Kilometer und das Radio, das schon dem Erstbesitzer vorspielte – so was ist überaus gefragt, nicht nur im Hochpreissegment, sondern auch von Youngtimerfans. Das schlägt bereits auf die Preise durch.

Wer auf diese Entwicklung setzt, sucht bewusst nach einem solchen Exemplar. Er atmet das Echte, und er nimmt zugleich einige Nachteile in Kauf: Denn jede Nutzung kostet Substanz, jede Reparatur nimmt dem Klassiker einen Hauch seines Glanzes. Für leidenschaftliche Schrauber, Familienunterhalter und aktive Fahrer kann ein (teil)restaurierter Oldtimer die bessere Wahl sein. Er ist näher am Alltag, am Leben.

Suchen und Finden

Überall hat sich der Handel verändert. Das gilt auch für Oldtimer. Im Internet sind Angebote und Informationen heute schnell und überall verfügbar. Der Scheunenfund von einst versteckt sich im digitalen Dickicht. Im Ernst: Es scheinen alle

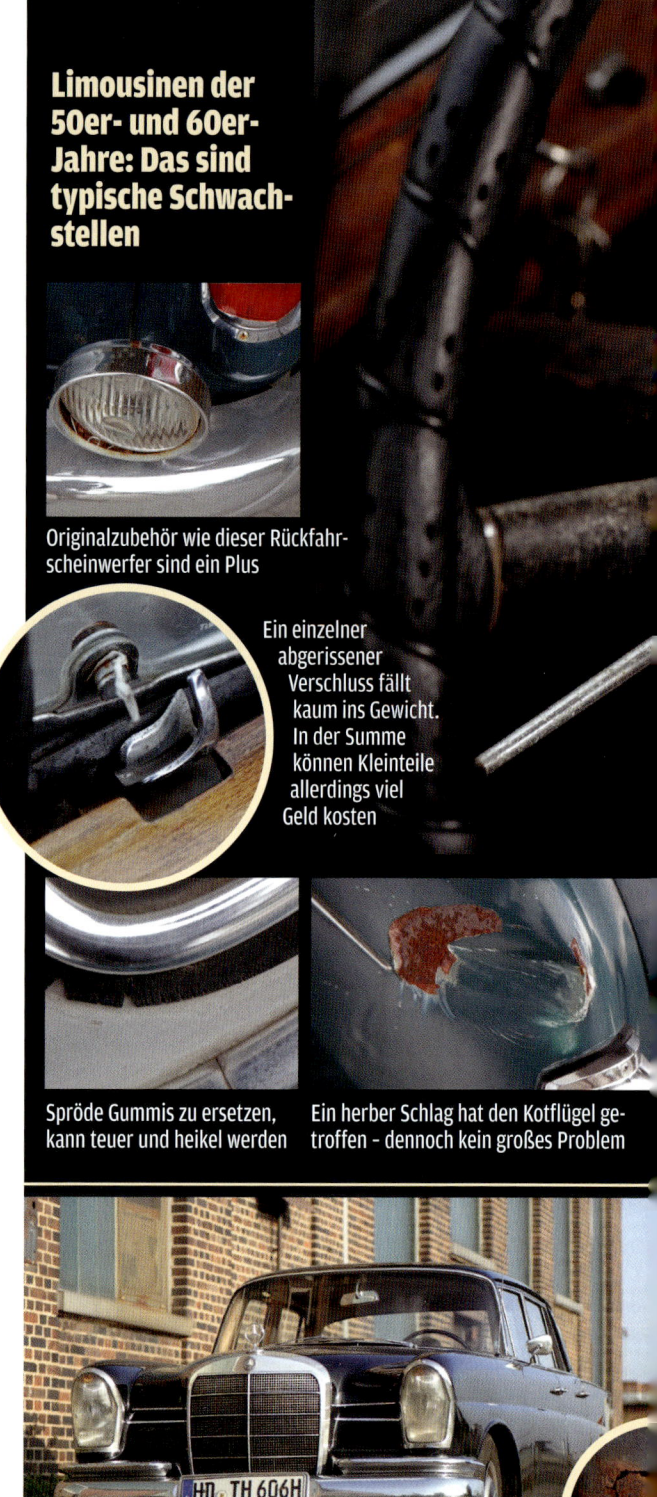

Limousinen der 50er- und 60er-Jahre: Das sind typische Schwachstellen

Originalzubehör wie dieser Rückfahrscheinwerfer sind ein Plus

Ein einzelner abgerissener Verschluss fällt kaum ins Gewicht. In der Summe können Kleinteile allerdings viel Geld kosten

Spröde Gummis zu ersetzen, kann teuer und heikel werden

Ein herber Schlag hat den Kotflügel getroffen - dennoch kein großes Problem

eingemauerten Vorkriegsklassiker, alle eingemotteten, vergessenen, aufgegebenen Automobile geborgen. Ausnahmen sind selten geworden. Viel zu lange suchen Fans schon danach. Die meisten

Angebote stammen von privaten Verkäufern. Allerdings hat die Zahl der Händler zugenommen. Sie bieten Vorteile, die durchaus eine Überlegung wert sein können: Neben einer Pflicht zur Gewährleis-

LENKRÄDER LEIDEN OFT
Gegen Sonne, Hitze und Belastung können die alten Kunststoffe auf Dauer nicht bestehen

Gerissene Holzteile wie diese Scheiben-verkleidung sorgen für hohe Restaurie-rungskosten. Bei abgebrochenen Gussteilen hilft nur der Austausch

Schön, wenn der Motor bis ins Detail original erhalten ist. Doch über seinen wahren Zustand lässt sich erst ein fundiertes Urteil fällen, wenn er läuft

Ein kritischer Blick auf Nummern lohnt sich. Besonders bei teuren Modellen (oder bei besonderer Motorisierung) sind Unstimmigkeiten immer eine Warnung

Oberflächenrost oder schon durch? Das sieht nach Arbeit aus

Spuren wie Grünspan am Kühler weisen auf Defekte hin

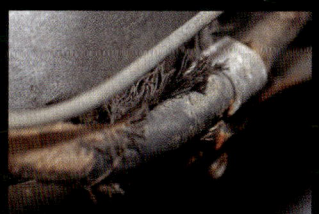

Alte Schläuche bergen ein erhebliches Sicherheitsrisiko

Kleinigkeiten sind es: Hier rutscht ein Kunstlederüberzug, da reißen Gummis, dort findet sich ein Loch im Himmel. Einzeln können Fehler wie diese akzeptabel sein. Wenn sie sich wie bei diesem Mercedes 220 S häufen, stören sie – besonders wenn die Funktion leidet. Oft ist die Beschaffung von Ersatzteilen schwierig, zudem passen viele Nachfertigungen schlecht

FAZIT

Das klingt tatsächlich wie ein Traum: en Ponton-Mercedes aus dem sonnigen Kalifornien. Keine Durchrostungen, solides Blech, sehr original und unrestauriert. Und dabei ist er gar nicht so teuer. Tatsächlich ist eines bei einem Exemplar wie diesem sicher: Es bietet eine exzellente Restaurierungsbasis, die einen nicht durch den Wahnsinn endloser Schweißarbeiten treibt. Probleme wie Blechsuche und schlechte Passformen wird es nicht geben. Doch es kommt ein großes Aber: Wer nüchtern zusammenrechnet, wie viel Arbeit in den durch die Sonne und die Zeit verkommenen Details und der Technik wartet, eraht als mögliche Diagnose einen wirtschaftlichen Totalschaden. Wer in einem solchen Fall sein Geld nicht investieren will, kann nur darüber nachdenken, ob er einen zweiten Ponton suchen mag – mit reichlich Rost, aber exzellenter Technik.

tung besitzen einige umfassendes Wissen über eine Marke, eine Bau-reihe oder ein Modell. Dies kann ebenso helfen wie die einfache Möglichkeit, Fahrzeuge zu ver-gleichen. Und: Händler, die sich

halten wollen, müssen die Preise ihrer Angebote am Marktniveau orientieren. Ihre Marge ergibt sich aus dem niedrigeren Einkaufspreis. Ob ein Händler seriös ist, wissen oft die Markenklubs. Schwarze Schafe

sind großen Teilen der Szene na-mentlich bekannt.

Der erste Eindruck

Auto kaufen ist Handel. Und Han-

del bedeutet immer auch Psycho-logie. Jeder weiß es, und doch wird es oft verdrängt: Man spricht miteinander, der Käufer fährt weit, schaut sich das Auto an – und ist bitter enttäuscht. Es lohnt sich,

DER REIZ DER 30ER-JAHRE
Mit einem kleinen DKW-Roadster erscheint eine Welt in Farbe, die sonst nur noch in Schwarz-weiß-Filmen existiert

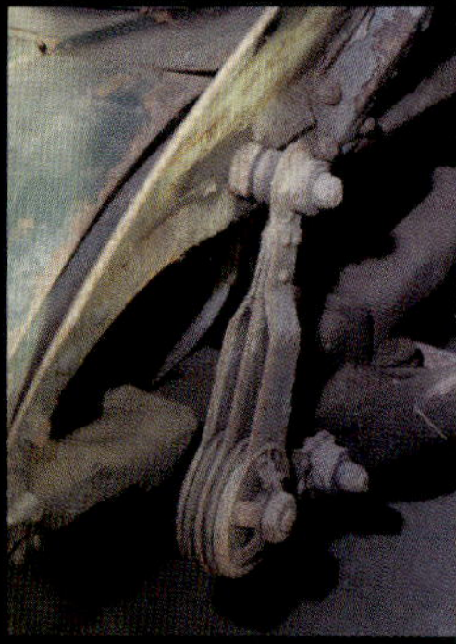

Klassische Hebelstoß-dämpfer gibt es als Neuteil

Fehlen Bleche wie diese, ist teure Handarbeit gefragt

Der genaue Blick zeigt die Spuren der Zeit. Stören muss das nicht

Ein Fahrzeugpass mit Siegel gibt Sicherheit

SIMPLE VORKRIEGS-TECHNIK Dieser Zweitakter ist viel einfacher aufgebaut als die Einspritz-pumpe eines moder-nen Klassikers

Je kompletter, desto besser: Vollzäh-lige Instrumente sind ein Plus

Viel Arbeit ist es, ein Blech mit Entlüftungskiemen zu restaurieren. Eine Nachfertigung kann günstiger sein

Nach über 70 Jahren sind meist nicht alle Details original

FAZIT

Wer heute einen Oldtimer zum Fahren sucht, hat selten einen Vorkriegsklassiker vor Augen. Youngtimer sind schick, aber ein DKW? Vorkrieg sei zu teuer, behaupten die ei-nen. Zu langsam, schimpfen andere. Ständig kaputt, fürchten technisch Unbegabte. Ei-ne Spur Wahrheit ist dran. Mit einer Mercedes S-Klasse der 70er-Jahre reist es sich kom-moder und schneller, sicherer und – vielleicht! – mit geringerem Pannenrisiko. Gegen einen alten DKW gilt er beinahe als Neuwagen. Oft fehlt nur die klare Antwort auf die-se eine Frage: Was soll der Oldtimer können? Für eine genussvolle abendliche Fahrt ins nächste Restaurant oder den sonntäglichen Picknickausflug sind gepflegte Vor-kriegsklassiker wie dieser kleine DKW bestens geeignet. Und ihre Technik ist (fast im-mer) erfrischend simpel. Einmal gelernt, kann auch ein Laie das Schwimmersieb des Vergasers problemlos am Straßenrand reinigen. An eine D-Jetronic (ab 1967) dagegen wagt sich nicht einmal die nächste Werkstatt.

---

nicht nur zu hören, was der Ver-käufer auf die Fragen antwortet. Sondern auch, wie er antwortet. Jemand, der sich um sein Auto kümmert, weiß über den letzten Ölwechsel Bescheid. Er kann zu den Reifen etwas sagen. Wer sich

hier widerspricht, tut dies meist nicht nur in diesem Moment.

Besonders weit gehen die Mei-nungen in Sachen Restaurierung auseinander. Geschweißt heißt lange nicht gut geschweißt. Was meint der Begriff „überholter Mo-

tor"? Der eine hat hier ein krum-mes Ventil begradigt, ein ande-rer dagegen den Motor zerlegt, sämtliche Verschleißteile ersetzt, die Kurbelwelle gewuchtet und al-le Dichtungen erneuert. Es lohnt sich, hier im Detail nachzufragen.

Ein Plus ist es, wenn der Verkäufer viel über die Historie eines Fahr-zeugs weiß. Je weiter Unterlagen und Rechnungen zurückreichen, desto besser.

Spätestens jetzt, vor dem ers-ten Blick auf das Auto, tut es gut,

Vorsicht, hohe Kosten: Dieses Leder-Interieur wird für viel Arbeit sorgen

Bei Tragstrukturen aus Holz sind schwere Schäden häufig

Planes Glas lässt sich ohne großen Aufwand nachfertigen

Auch bei schlechten Zuständen gibt es Unterschiede. Wenig Rost und gute Spaltmaße sind wichtige Pluspunkte

Eine sportliche Aufgabe stellt dieser Sechszylinder-Riley seinem Besitzer. Der enorme Restaurierungsaufwand wird sich finanziell in keinem Fall lohnen

Der Auftritt: Blech und Lack

Rost, Rost, Rost. Er ist das zentrale Problem. Nur Unfallschäden bereiten ähnlich massiven Kummer. Glücklicherweise sind sie nicht so häufig. Eine sich auflösende oder schiefe Karosserie zu reparieren, bringt Kosten mit sich, die bei vielen Modellen den Zeitwert übersteigen.

Die Sorge vor der Korrosion ist berechtigt, doch sind nicht alle automobilen Bauformen in gleichem Maß betroffen. Solange Autos als tragende Konstruktion einen Rahmen erhielten, sind Schäden durch Rost meist überschaubar – die Karosserien haben kaum Hohlräume, in denen der Rost nisten kann. Als Problem gilt allerdings die damals weit verbreitete Gemischtbauweise. Weil das Wasser meist seinen Weg ins Innere der Konstruktion findet und dort das tragende Holzskelett angreift, korrodiert auch die angeheftete Blechhaut. Zudem bergen Holzskelett-Karosserien eine weitere Gefahr: Oft haben sich ihre Verbindungen nach Jahrzehnten gelöst. Die gesamte Struktur wird dadurch labil. Handwerklich bergen die Reparaturen keine unlösbaren Schwierigkeiten. Nur wirtschaftlich sind sie selten.

Die Chassis dagegen zeigen sich meist erstaunlich stabil. Bei ihnen stellt weniger der Rost eine Gefahr dar, gefährlicher sind Risse durch Schwingungen oder Unfälle. Ausnahmen gibt es, sehr populäre sogar: Die geschlossenen Plattformrahmen des Käfers oder der Ente sorgen für eine Menge Ärger. Größte Vorsicht ist bei Reparaturen am Rahmen angezeigt: Sie sind zwar nicht verboten, aber an strenge TÜV-Vorgaben geknüpft.

Weit kritischer wird die Rostfrage bei selbsttragenden Karosserien, bei denen zahllose Hohlräume für Stabilität sorgen. Diese Bauart setzte sich in der Zeit nach dem Zweiten Weltkrieg schnell durch und verdrängte die traditionellen Rahmenkonstruktionen.

Überall, wo Bleche zu Kammern geformt sind, finden sich potenzielle Rostherde. Feuchtigkeit trocknet nur langsam ab, und gemeinsam mit Sauerstoff beginnt die Zersetzung. Eine zweite Gefahr bildet Spritzwasser. Oft sind die Radhäuser samt den anschließenden Zonen wie Scheinwerfertöpfen oder A-Säulen betroffen. Mit dem Wasser spritzen die Reifen auch Schmutz auf, der sich festsetzt und Feuchtigkeit bindet.

Ebenso bildet sich unter Fußmatten ein feuchtes Klima, das die Bodenbleche angreift. Auch Kofferraumböden rosten häufig, ebenso Falze und Taschen, deren Ablauflöcher gern verstopft sind. Zerfressenes Blech findet sich oft auch in Reserveradwannen. Übrigens sind selbst verzinkte Autos wie der Porsche 911 ab 1976 nicht gegen Rost immun. Sie rosten weniger, ja. Manche gammeln auch gar nicht. Andere dagegen überraschend stark.

Es lohnt sich immer, ein altes Auto von unten zu betrachten. Die Bereiche, in denen Fahrwerk oder Hilfsrahmen befestigt sind, werden in allen Details sichtbar. Gut lassen sich mögliche Unfallschäden und Schweißarbeiten identifizieren, sofern nicht frischer, dicker Unterbodenschutz das Bodenblech bedeckt. Dann gilt Alarmstufe rot: Darunter kann sich alles verbergen, selbst eingeklebte Bleche. Verbrecherisches Blendwerk, sowas. Auch weiter oben leiden Karosserien oft unter (be)trüge-

die Emotionen etwas abzukühlen. Es ist der schwierigste Schritt bei der Begutachtung, Profis beherrschen ihn mit großer Sicherheit: den verklärten Blick aufs Ganze zu wechseln in eine kritische, spezifische Perspektive. Jetzt geht es

um Details. Um die Feststellung von Fakten

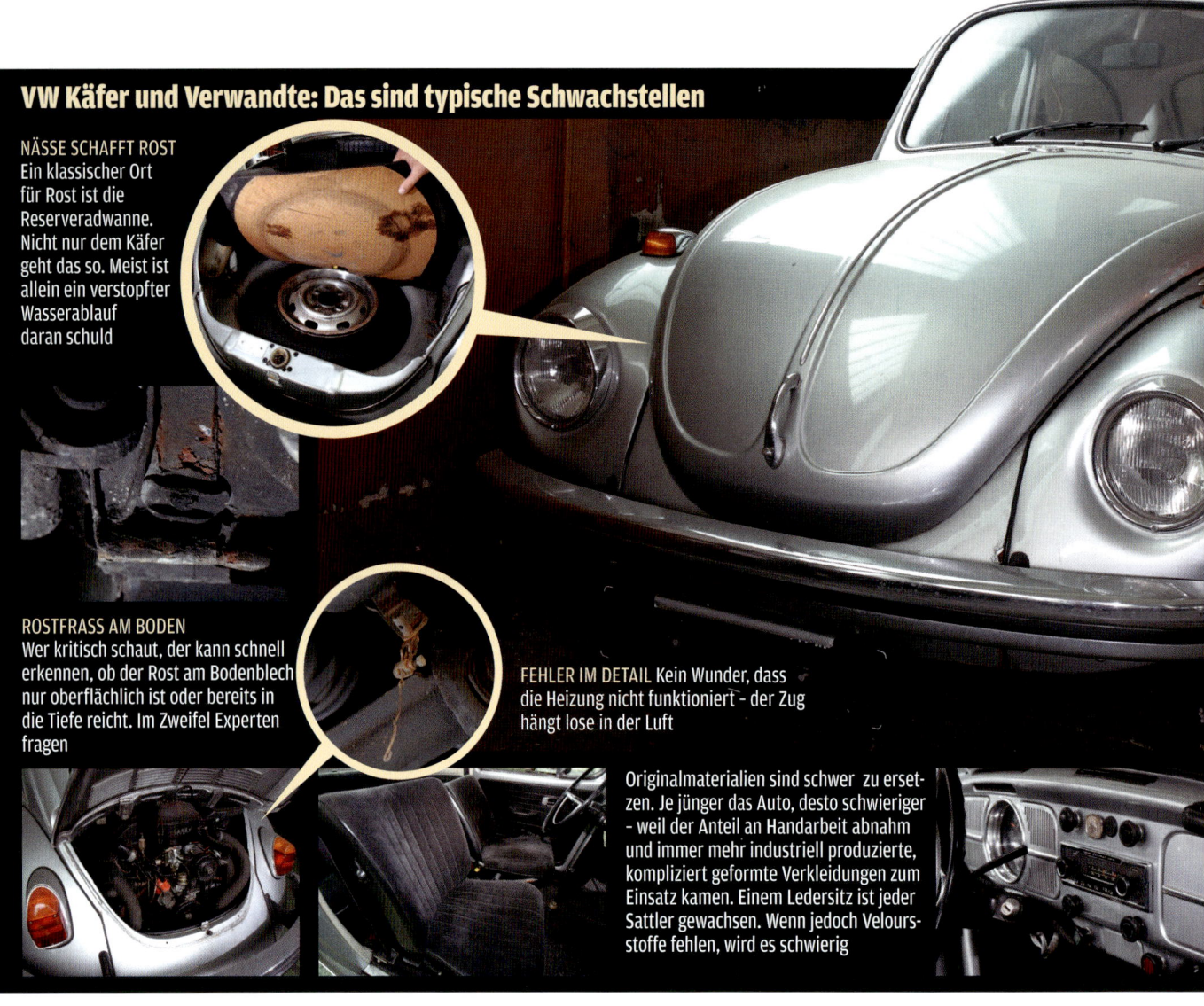

VW Käfer und Verwandte: Das sind typische Schwachstellen

NÄSSE SCHAFFT ROST
Ein klassischer Ort für Rost ist die Reserveradwanne. Nicht nur dem Käfer geht das so. Meist ist allein ein verstopfter Wasserablauf daran schuld

ROSTFRASS AM BODEN
Wer kritisch schaut, der kann schnell erkennen, ob der Rost am Bodenblech nur oberflächlich ist oder bereits in die Tiefe reicht. Im Zweifel Experten fragen

FEHLER IM DETAIL Kein Wunder, dass die Heizung nicht funktioniert – der Zug hängt lose in der Luft

Originalmaterialien sind schwer zu ersetzen. Je jünger das Auto, desto schwieriger – weil der Anteil an Handarbeit abnahm und immer mehr industriell produzierte, kompliziert geformte Verkleidungen zum Einsatz kamen. Einem Ledersitz ist jeder Sattler gewachsen. Wenn jedoch Velours-stoffe fehlen, wird es schwierig

rischer Kosmetik, unter der eine löchrige Wahrheit lauert. Ohne die Karosserie saniert zu haben, hat ein unbekannter Künstler mit fingerdicker Spachtelmasse die alte Form modelliert. Der Fehler fällt Laien kaum auf. Bauschaum als Stabilisator der A-Säule? Beton als tragendes Element im Schweller? Das sind keine Witze. Sondern wahre Schicksale der Klassikerszene.

Tatsächlich sind Blender ein Problem. Wer genauer hinschaut, erkennt die Fehler. Bereits ein kritischer Blick auf Spaltmaße und Passungen gibt viel Information über die Qualität eines Autos. Äußerst hilfreich ist zudem ein Schichtdickenmessgerät für La-

cke, Gutachter nutzen diese Instrumente gern. Originallack lässt sich damit identifizieren, der nicht nur aus historischen Gründen einen besonderen Wert besitzt. Er erleichtert auch die Prüfung eines Autos: Pfusch lässt sich hier nicht verstecken.

Keineswegs sollte man die vielen Anbauteile bei einer Prüfung vergessen. Fehlende oder defekte Stoßstangen, Zierleisten, Gummis, Griffe, Embleme oder auch Glas belasten das Budget meist auf dramatische Weise. Bei Cabriolets lohnt zudem eine tief gehende Untersuchung des Verdecks. Mehr noch als der Bezug, der sich bei gängigen Modellen problemlos tauschen lässt, sorgen Schäden

an der Unterkonstruktion für mehr Kopfzerbrechen. Besonders bei aufwendigen Verdeckkonstruktionen gibt es Pluspunkte, wenn sich das Dach problemlos schließen lässt.

Freude am Fahren: Motor und Mechanik

Selbst beim Thema Motor drohen Blender. Augenmenschen, die mehr auf Optik wert legen als auf Leistung, putzen den Motorraum auf Hochglanz. Das Make-up beeindruckt. Was nicht heißen muss, dass der Weber-Doppelvergaser noch so arbeitet, wie er soll. Oder dass die Lager, die unsichtbar tief im Block sitzen, so gut sind, wie

sie sein müssten. Nein, Sauberkeit ist kein sicheres Indiz.

Dennoch lassen sich Antworten sammeln. Zunächst auf die Frage, ob der richtige Motor mit den richtigen Aggregaten montiert ist. Fast immer passt auch ein anderes Triebwerk, ein stärkeres, ein schwächeres. Oder eines, das aus dem Nachfolgermodell stammt. Auch Teile wie Vergaser oder Einspritzung, Kühler oder Verteiler sollten den Werkspezifikationen folgen.

Eine optische Prüfung sollte nach ausschwitzendem Öl und Kühlwasserverlust forschen. Füllstände werden kontrolliert, und dabei dürfen im Wasser keine Spuren von Öl zu finden sein – und

ROST FRISST ÜBERALL
Rund um die Scharniere und entlang der Wasserrinne weisen Blasen auf Lochfraß hin. So kann das nicht bleiben – so was kostet ...

FAZIT

Einsteiger lieben ihn besonders, den Käfer. Er gilt als preiswert und zuverlässig. Er ist ein tapferer und risikoarmer Begleiter auf dem Weg ins Hobby. Doch das ist relativ, wie diese Beispiele zeigen: Nur substanziell gute Exemplare versprechen sorgenfreien Fahrspaß. Nicht, dass diese Exemplare verloren wären. Aber es steckt eine Menge Arbeit in ihnen, und die notwendigen Investitionen lassen sich vorab nur schwer umreißen. Mit Patina lässt sich dieser Rostfraß ebenfalls nicht entschuldigen. Es sind substanzielle Probleme rund um die Karosserie, die gelöst werden müssen. Das geht auch deshalb ins Geld, weil nach den Blecharbeiten eine teure Lackierung fällig wird. Wenn dazu noch Chromteile fehlen, die Innenausstattung verwohnt ist und der Motor zickt, verliert auch der geduldigste Mensch die Lust, sein Geld zu investieren, weil er ahnt, dass am Ende der Wert bei Weitem den Aufwand nicht spiegelt. Besonders Einsteiger in die Szene verschätzen sich bei der Kalkulation. Die Faustregel ist einfach: Je jünger und je häufiger das gesuchte Modell, desto sinnvoller ist es, ein gut erhaltenes oder handwerklich solide restauriertes Exemplar zu kaufen. Eines steht fest: Dieser Mehrpreis ist gut investiert.

KEINE UNLÖSBARE AUFGABE hält dieser Käfer bereit. Doch es stellt sich die Frage, ob die Investition Sinn macht. Finanziell sicher nicht: Gute Käfer kosten weit weniger als die Summe der Arbeiten, die hier anfallen

Rostige Stoßstangen sind bei einem Käfer kein großes Problem. Aufwendiger werden die Schweißarbeiten an der tragenden Struktur. Auf den ersten Blick ist der Aufwand nicht zu erkennen

---

umgekehrt. Auch Benzinleitungen wie Zündkabel lassen sich schnell überprüfen und geben einen Hinweis auf den Pflegezustand des Wagens. Deutlich schwieriger wird die Kontrolle von Ketten oder Zahnriemen, die in oben gesteuerten Motoren die Nockenwellen antreiben. Wenn der Verkäufer es abnickt, sollte der Kaufinteressent die Zündkerzen herausschrauben. Der Zustand der Elektroden verrät viel darüber, ob ein Motor sich wohlfühlt. Sie dürfen nicht abgebrannt sein, weder schwarz-rußig noch weißlich. Rehbraun gilt als goldene Mitte. Nun kann, wenn der Verkäufer einverstanden ist, ein Kompressionsprüfer den Druck messen, den die Zylinder

erzeugen. Das Ergebnis sagt viel über dessen Dichtheit aus, also über Kolbenringe und Ventile. Ein problemloser Motorlauf ist damit allerdings nicht garantiert.

Es gibt zahllose weitere Parameter, die sich ohne Motortester nur aufwendig feststellen lassen. Wer die Chance hat, den Kaufkandidaten in einer Werkstatt zu prüfen, sollte sie unbedingt nutzen. Denn auch von unten gibt es in puncto Mechanik eine Menge zu sehen. So fällt Ölverlust an Motor und Getriebe schnell auf, ebenso an den Stoßdämpfern. Auch die Reifen sind einen detaillierten Blick wert, nicht nur das Profil, sondern auch das Alter, das ein dreistelliger Code mit Produkti-

onswoche (zwei Stellen) und Jahr (eine Stelle) angibt.

Die gute Nachricht dabei: Für viele Oldtimer sind heute problemlos Reifen lieferbar. Als Nachteil bleibt jedoch der oft hohe Preis – eine Recherche vorab kann sich lohnen. Beim Blick von unten kann zudem der komplette Antriebsstrang geprüft werden. Das beginnt mit einem möglichen Spiel der Kardanwelle – sofern vorhanden –, es folgen das Differenzial und die Antriebswellen samt deren Manschetten. Auch Spiel in der Radaufhängung gibt Hinweise auf ausstehende Arbeiten. Und: Die Bremsen sind einen detaillierten Blick wert. Insbesondere ist der Zustand der Bremsschläuche ein gutes

Indiz für die laufende Wartung eines Wagens. Brems- und Benzinleitungen rosten übrigens gern innerhalb ihrer Halterungen, wo Schäden zunächst nicht auffallen, aber fatale Folgen haben können.

Wenn Kosten eine Rolle spielen, genügt es nicht, nur den Spritverbrauch vor Augen zu haben. Simple Technik aus der Großserie lässt sich günstiger unterhalten als exotische Konstruktionen, und dabei ist es nahezu gleich, ob es sich um ein Automobil aus den 30er- oder den 80er Jahren handelt. Technischer Mainstream hilft in jedem Fall sparen.

Auch das Thema Wartungsintervalle spielt eine Rolle. In den 50er-Jahren waren sie wesentlich

Der Sammlertraum: unberührter Scheunenfund

FAZIT

Scheunenfunde gelten in der Oldtimerszene als das Gold unserer Tage. Klar, vereinzelt tauchen echte Schätze auf, meist von Profis entdeckt. Laien stöbern dagegen oft Altes auf, das zwar malerisch aussieht, jedoch völlig verbraucht ist. Nüchternes Kalkulieren hilft – vor einem Kauf.

DORNRÖSCHEN SUCHT PRINZ
Aber Geduld muss er haben – so ein 1957er Goliath 1100 ist rar, Ersatzteile gibt's nur mit Szenekontakten

CHECKLISTE: DARAUF MÜSSEN KLASSIKER-KÄUFER ACHTEN

Wie gut ist der Wagen? Die Checkliste bietet eine Menge Hinweise, wie sich ein Oldtimer prüfen lässt. Jeder Käufer kann überlegen, welche Punkte ihm wichtig sind. Klar ist: Mit jedem bekannten Detail sinkt das Risiko böser Überraschungen.

VOR DER SUCHE
- **Festlegung:** Modelle, Originalität und Zustand
- **Kontakt** zu Experten und Klubs
- **Stellplatz, Grundausstattung,** Werkzeug, Literatur, kompetente Werkstatt

SUCHE UND ERSTER KONTAKT
- **Vergleich** Angebote von privat und Händlern
- **Fragen an den Verkäufer:** Zustand, Historie, Dokumentation, Verfügbarkeit, Antworten auf Glaubwürdigkeit prüfen

TERMIN VOR ORT
- **Taktik:** erst Wagen als Ganzes, dann Details jeweils auf Zustand und Originalität untersuchen

- **Unterlagen:** amtliche Fahrzeugdokumente, Historie, Rechnungen, Kaufverträge, Dokumentation über Wartung, Reparaturen und Restaurierung, Betriebsanleitung, Reparaturhandbuch, Expertenrat

KAROSSERIE UND RAHMEN
- **Rahmen:** Fahrgestellnummer, Unfallschäden, Korrosion, Schwingungsrisse, Instandsetzungen, Oberflächenbehandlung, Korrosionsschutz
- **Unterboden:** Schäden, Korrosion, Instandsetzungen, Korrosionsschutz, Lackierung
- **Karosserie:** Fahrgestellnummer, Material, Unfallschäden, Korrosion, Gebrauchsspuren, Instandsetzungen, Spaltmaße, Korrosionsschutz, Schließverhalten Türen und Fenster, Schlösser, Schiebe- oder Faltdach

- **Lackierung:** Material, Farbwahl, Schichtdicke, Oberflächenstruktur, Fehlstellen
- **Chrom- und Zierteile:** Gebrauchsspuren, Instandsetzungen, Korrosion, Vollständigkeit
- **Verglasung mit Dichtungen, Spiegel:** Schäden, Dichtungen, Prüfzeichen
- **Motorraum:** Unfallschäden, Korrosion, Lackierung, Schäden, Vollständigkeit, Befestigungen
- **Verdeck:** Funktion, Dichtigkeit, Material, Nähte, Füllung, Heckscheibe, Gestänge

ELEKTRIK
- **Kabelbaum, Verbraucher:** Funktion, Änderungen, Brüche, Kontaktkorrosion
- **Batterie, Lichtmaschine, Anlasser:** Bauart, Funktion

kürzer als heute: Nach jeder längeren Fahrt – mancher Hersteller schrieb zunächst 500 Kilometer vor, andere 1500 Kilometer – sind zahllose Schmiernippel mit Fett zu versorgen.

Besonders Vorkriegsoldtimer fordern von ihrem Besitzer eine gewisse Liebe zur Technik. Denn nur bei enstprechender Pflege sind sie so zuverlässig unterwegs wie früher. Wer nicht gern schraubt, unterwegs vielleicht auch mal improvisiert, verliert schnell die Freude. Das Rezept zum Glücklichwerden ist dann eben ein problemloser, jüngerer Großserien-Klassiker vom Schlage eines VW Käfer, Opel Rekord oder Mercedes Strich-8.

Kabelsalat und Kriechstrom

Es gibt nichts, was Autobesitzer mehr zum Basteln reizt als dieses verwirrende System aus Kabeln, Steckern und Buchsen. Seit den 50er-Jahren werden Radios und Plattenspieler nachgerüstet, Lautsprecher eingebaut (und dabei Verkleidungen und Ablagen für alle Zeit zerschnitten), werden Zusatzscheinwerfer montiert, Instrumente nachgerüstet. Nur selten geschah so etwas professionell. Wirrer Kabelsalat ist die Folge.

So gesehen ist es ein großes Plus, wenn die Elektrik noch original ist. Fehler in unveränderten Systemen lassen sich hier deutlich leichter orten und in den Griff bekommen. Sind Kabelbäume voller Fantasie erweitert worden, empfiehlt sich eine Rückrüstung. Zwar ist es kein Drama, wenn Radio oder Instrumentenbeleuchtung ausfallen sollten. Heikel sind dagegen Kabelbrände: Durchgescheuerte Isolationen, fehlende Absicherung oder ein zu geringer Querschnitt führen zu diesem Risiko. Wenn es brennt, hilft es nicht mehr, den Strom an der Batterie abzuklemmen. Schnell fackelt die ganze Fuhre ab.

Wer ein Fahrzeug prüft, sollte durchaus einen Blick auf die Batterie werfen. Wie leistungsfähig sie noch ist, wird sie zwar erst im Betrieb zeigen. Doch ist der Zustand ihrer Pole und der Kabel ein gutes Indiz für die Hinwendung des Vorbesitzers zu seinem Wagen. Wenn er ihn regelmäßig gefahren und gepflegt hat, wird es hier keine Korrosion und brüchige Stellen zwischen Polschuh und Kabel geben, sondern Anschlüsse, die mit Batteriefett gepflegt sind.

Viel und heftig diskutiert wird in der Szene der Umbau von Sechs- auf Zwölf-Volt-Systeme. Es gibt ebenso leidenschaftliche Befürworter wie Gegner. Tatsächlich funktionieren Sechs-Volt-Bordnetze tadellos, wenn die Kabelquerschnitte stimmen, die Kontakte gut sind und nicht zu viele Zusatzverbraucher angeschlossen wurden. Teuer allerdings sind die Batterien. Umrüstungen tragen meist noch den original Sechs-Volt-Anlasser, der mit zwölf Volt entsprechend schnell dreht. Dauerbelastungen bei Startproblemen sollten konsequent vermieden werden – durchgebrannte Anlasser sind nur selten preiswert zu ersetzen.

Nicht immer müssen Basteleien die Ursache sein, wenn die Elektrik nicht so funktioniert, wie sie sollte. Oft tragen korrodierte Kontakte oder gebrochene Kabel Schuld. Lüsterklemmen aus der Hausinstallation haben in Autos übrigens nichts zu suchen. Ebenso fehl am Platz wirken moderne Quetschverbinder und -kabelschuhe.

Lust auf Leder?

Wie gut das Interieur eines Klassikers ist, lässt sich mit einem Blick

MOTOR UND MECHANIK
⊙ **Motor mit Nebenaggregaten, Kühlung, Benzinversorgung, Abgasanlage:** Bauart, Seriennummer, Korrosion, Gebrauchsspuren, Befestigungen, Anschlüsse, Lagerungen, Oberflächen, Dichtheit, Vollständigkeit,
⊙ **Getriebe und Hinterachse:** Bauart, Dichtheit, Spiel, Leichtgängigkeit, Lagerungen
⊙ **Fahrwerk:** Lagerungen, Verschleiß, Verzug, Federn, Dämpfer, Korrosion, Schäden
⊙ **Reifen und Räder:** Größe, Alter, Laufbild, Schäden, Verschleiß
⊙ **Bremsanlage:** Verschleiß, Schäden, Bremsflüssigkeit

INTERIEUR
⊙ **Innen- und Kofferraum:** Farben, Materialien, Gebrauchsspuren, Geruch, Dichtheit, Korrosion im Bodenbereich
⊙ **Armaturenbrett:** Farben, Materialien, Gebrauchsspuren, Instrumente, Bedienelemente, Radio
⊙ **Sonstiges:** Bordwerkzeug, loses Zubehör, Persenning, Hardtop

PROBEFAHRT
⊙ **Kaskoversicherung**
⊙ **Motor:** Kaltstart, Warmlaufverhalten, Rundlauf, Geräusche, Leistungsentwicklung, Abgasbeobachtung, Dichtigkeit
⊙ **Kraftübertragung:** Geräusche, Schaltbarkeit Getriebe, Funktion Kupplung bzw. Wandler, Dichtheit

Ein Handschlag reicht nicht, um einen Kauf zu besiegeln. Notwendig ist ein schriftlicher Vertrag

⊙ **Fahrwerk:** Spiel, Geräusche, Geradeauslauf, Federung, Dämpfung
⊙ **Bremsen:** Wirkung, Standfestigkeit, Feststellbremse
⊙ **Lenkung:** Kraftaufwand, Spiel
⊙ **Karosserie:** Steifheit, Geräusche
⊙ **Nebenaggregate, Ausstattung, Zubehör:** Funktion

Auch wenn es schade ist: Autos wie dieser VW 1600 TL sind nur zu retten, wenn Geld keine Rolle spielt

Die bittere Wahrheit: Restaurierung unrentabel

erfassen. Sitzbezüge, Armaturenbrett und Teppiche können ihren Zustand nicht geheim halten. Wenn es Mängel gibt, sind ihre Konsequenzen allerdings weniger offensichtlich. So liefern zahllose Händler für populäre englische Roadster der 60er-Jahre preiswert neue Kunstleder-Sitzbezüge ab Lager, während es sein kann,

dass es den Originalstoff für einen Porsche 911 aus den 80er-Jahren selbst für viel Geld nirgendwo mehr gibt. Ledersitze sind weniger kritisch. Sie lassen sich prinzipiell reparieren, nachfärben und auch von Neuem schützen.

Als Faustregel gilt auch hier, dass Seltenheit stets Probleme macht. Doch auch die seit den

FAZIT

Mancher Oldtimer ist, so bedauerlich es klingen mag, ein Fall für den Verwerter. Es sei denn, der Besitzer ist bereit, ein Vielfaches des Marktwertes für ein Objekt zu investieren, das am Ende komplett restauriert und somit nicht sonderlich authentisch ist. Als Faustregel gilt heute: Was am Ende nicht mindestens einen sechsstelligen Wert besitzt, lohnt sich in Zustand 5 nicht – egal, wie günstig der Einstiegspreis ist.

70er-Jahren zunehmend komplizierteren Formen lassen Ersatzteile selten werden: Kann ein Sattler die Türverkleidung eines Porsche 356 in Handarbeit problemlos reparieren oder nachfertigen, sieht das bei einem Porsche 928 bereits völlig anders aus. Ähnliches gilt für gerissene Armaturenbretter oder herabhängende Dachhimmel: Komplexe Formteile sind oft nicht mehr lieferbar. Und wenn sie es sind, dann kosten sie viel und lassen sich nicht montieren, ohne das Auto halb zu zerlegen. Für einen Käfer-Himmel dagegen reicht ein Anruf beim Händler und etwas Zeit für die Montage. Das war's.

Eine kritische Prüfung sollte auch den Teppichen und Gummimatten gelten. Trockene, gut erhaltene Originalware besitzt nicht nur authentischen Reiz, sondern sie garantiert zudem, dass Feuchtigkeit nie ein Problem war. Gut, leichter Wassereinbruch ist keine Katastrophe, viele Klassiker waren schon als Neuwagen nicht richtig dicht. Bei neuer Auslegeware bleibt dennoch die Frage, wie nahe eine Reproduktion dem Original kommt. Gerade in den 80er- und 90er-Jahren musste oft Billigvelours aus dem Baumarkt herhalten, wo feiner original Boucléteppich verrottet war.

Wichtiger jedoch ist das Lenkrad. Gebrochene Kunststoffkränze sind zwar unschön, stellen jedoch hauptsächlich ein optisches Problem dar. Ist dagegen ein nicht zugelassenes Volant montiert, erlischt die Betriebserlaubnis. Besonders groß ist diese Gefahr bei den beliebten, aber häufig illegalen Holzlenkrädern.

Zeitgenössische Radios sind als nettes Extra zu werten, allerdings fällt auch eine spätere Nachrüstung in der Regel nicht allzu teuer aus. Ob Sicherheitsgurte ein wichtiger Aspekt sind, bleibt eine individuelle Frage: Sie lassen sich bei vielen Klassikern ab Mitte der 60er-Jahre für die Vordersitze problemlos nachrüsten. Selbst für den Fond findet sich meist eine Lösung. Wirklichen Sinn ergeben Gurte aber nur bei montierten Kopfstützen.

Expertenrat lohnt sich

Es scheint in der Natur der Sache zu liegen: Verliebte sind halt nicht so recht bei Sinnen. Begeisterung vertreibt oft jede Kritik, und so neigen viele Oldtimerkäufer dazu, sich ihren Fund schönzudenken. Wer zur ersten Besichtigung bereits mit Anhänger, roter Nummer und Bargeld reist, sagt vor Ort ungern Nein.

Fest steht, dass die meisten Käufer die Folgekosten deutlich unterschätzen. Diese alte Weisheit, vom Hausbau wohlbekannt, trifft auch beim Oldtimerkauf zu. Wer sich den nötigen Pragmatismus nicht zutraut, sollte auf Expertenrat setzen.

In Klubs finden sich Experten für jeden Typ und jede Baureihe. Auch spezialisierte Werkstatten bieten oft diesen Service an, ebenso unabhängige Gutachter. Wer ein Modell zum zehnten, vielleicht sogar zum hundertsten Mal untersucht, kennt die Ecken, in die er schauen muss. Ein solches Urteil ist nicht unfehlbar, hilft dem Interessenten jedoch, seine Entscheidung zu treffen. Auch dann, wenn er sich vorab durch Kaufberatungen, Modellgeschichten und Reparaturanleitungen gelesen hat.

Klar, diese Unterstützung gibt es nur selten umsonst. Zumindest eine Kostenerstattung wird fällig, oft ist es eine Pauschale, mitunter werden Stundensätze wie in der Werkstatt verrechnet. Guter Rat kostet also Geld. Teuer wird er allerdings erst dann, wenn er zum falschen Zeitpunkt kommt. Nach dem Kauf etwa.

Eine halbe Stunde Wahrheit: die Probefahrt

Nach aller Theorie, nach vielen Blicken, Griffen und Gedanken, schlägt die (halbe) Stunde der Wahrheit. Erst eine Probefahrt kann alle Eindrücke zu einem Gesamtbild zusammenfügen. Wie startet der Motor? Läuft er rund, sägt er im Leerlauf, geht er aus? Wie nimmt er Gas an? Ob Lenkung, Kupplung und Schaltung (oder die Automatik), ob Bremsen oder Fahrwerk: Erst wenn die Technik in Bewegung ist, offenbart sie ihre Geheimnisse. Eine Probefahrt sollte durch die Stadt und über Land führen, 20 bis 30 Kilometer sind eine gute Distanz.

Nun ist die Schwierigkeit, dass sich Oldtimer nicht mit aktuellen Maßstäben bewerten lassen. Ungewohnte Geräusche, die nötigen Kräfte und überraschende Reaktionen lassen sich nur dann einordnen, wenn der Fahrer einen Fahrzeugtyp kennt oder wenigstens mit vergleichbaren Modellen bereits unterwegs war.

Wer dagegen auf seiner ganz persönlichen Jungfernfahrt mit dem Wunschwagen ist, liegt in seinem Urteil leicht daneben – idealerweise hilft auch hier ein Spezialist. Das gilt noch mehr, wenn eine Probefahrt nicht möglich ist: Über das hohe Risiko, viele wesentliche Details vor dem Kauf nicht zu erfahren, sollte sich der Käufer bewusst sein.

Die Entscheidung – Ja oder Nein?

Faire Angebote gibt es immer wieder, auch solide Wertanlagen. Wahre Schnäppchen dagegen gelten als äußerst selten. Dennoch hilft es, völlig unabhängig von dem geforderten Betrag einen eigenen, realistischen Preis zu kalkulieren.

Wer den Zustand des Wagens beurteilt hat, wer Reparaturen und Nebenkosten kalkuliert, der kommt von selbst auf sein persönliches Preislimit. Nun ist es spannend zu sehen, wie weit die Forderung des Käufers und das Gebot auseinanderliegen – und wer sich wie bewegt.

Dabei ist der Begriff Wirtschaftlichkeit letztlich relativ. Wer in seiner Freizeit Mountainbike fährt, Golf spielt oder nur in den Bergen wandert, darf von seinem eingesetzten Geld nichts als eine Erholungs- und Spaßrendite erwarten. Oldtimer dagegen können mehr: Neben der großen Portion Fahrspaß und Lebensqualität, die sie bieten, halten gepflegte Exemplare auf Dauer ihren Wert. Oft steigt er sogar über die Jahre. Sind das nicht gute Aussichten?

So finden Sie den richtigen Cabrio-Klassiker

Wer den Sommer genießen will, braucht keine Klimaanlage. Sondern einen offenen Klassiker. Das Angebot ist heute größer denn je. Welche Fallen es gibt, verraten wir hier

■■■ Doch, es ist wahr. Bereits für dreistellige Eurobeträge lassen sich Cabrio-Träume verwirklichen. Offene Youngtimer wie der Opel Kadett, der Fiat Punto oder mancher Peugeot 306 fallen in diese Kategorie.

Zugegeben: Es ist eine Menge Schrott im Angebot. Aber eben nicht nur. Fans mit scharfem Blick und Schnäppchen-Gen werden fast immer fündig. Sie müssen allerdings oft etwas Geduld mitbringen – und festen Willen. Denn wichtig ist auch die Bereitschaft, die eigene Stadtgrenze nicht als Limit zu sehen. Schnäppchen lassen sich selten in der Nachbarschaft schießen, leider.

Viele Wege führen zu einem klassischen Roadster oder Cabrio. Unterm Strich bleibt jedoch die banale Erkenntnis, dass sich Einsteiger beim Kauf viel häufiger verschätzen als Experten. Doch sie zielen genauer. Wie, das verraten wir hier.

Die Qual der Wahl

Nie war das Angebot an klassischen Cabrios und Roadstern so groß wie heute. Vieles rutscht aus der großen Open-Air-Renaissance der 1990er jetzt in unseren Fokus. Zudem handelt die Szene heute mit Mercedes 190 SL, mit MGB oder Käfer Cabrios, die vor zehn Jahren noch als Wracks in dunklen Ecken vor sich hin gammelten oder irgendwo in den USA fuhren. Inzwischen sind viele restauriert, in höchst unterschiedlicher Qualität jedoch.

Die erste Frage wäre die nach dem richtigen Frischluft-Format. Steht schon ein genauer Typ im Mittelpunkt der Wünsche, vielleicht sogar eine spezielle Motorisierung oder Details wie eine Farbe oder die Ausstattung aus Leder? Wichtig ist bereits zu diesem Zeitpunkt ein Gedanke an die Infrastruktur: Wer seinen Klassiker einsetzen will, braucht eine kundige Werkstatt. Je erreichbarer die liegt, desto besser ist es im Alltag. Auch die Ersatzteilversorgung spielt eine wichtige Rolle. Besitzer populärer Modelle wie VW Käfer, Austin-Healey Sprite oder auch Mercedes 190 SL haben es dabei deutlich leichter als der Liebhaber eines raren Honda S800. Der besitzt dafür das Plus der Rarität – die vielen Aaahs und Oohs sind der Lohn für manche Mühe.

Doch die Frage nach dem richtigen Cabrio-Klassiker geht tiefer: Wie viel Schrauberei will, wie viel kann ich selbst übernehmen? Ganz ohne persönlichen Einsatz wird es nicht gehen. Es hilft also,

OPEL KADETT CABRIO

Noch ist er kein Sammlerstück. Noch. Das Kadett Cabrio ist als Gebrauchtwagen bereits weitgehend verschwunden, in der Youngtimerwelt allerdings noch nicht angekommen. In seinem Alter dürfte es langsam so weit sein - immerhin hat Bertone das Kadett Cabrio für Opel zwischen 1986 und 1993 gebaut. Heute gibt es nur einzelne Opel-Fans, die sich in den offenen Kadett verlieben. Und das drückt die Preise: Schon für deutlich unter 1000 Euro lässt sich ein ordentliches Exemplar finden, mit (fast) neuem TÜV, technisch und optisch gepflegt, nicht mehr als 150 000 Kilometer auf dem Tacho. Zugegeben, es gibt deutlich mehr vergammelte Exemplare als gut gewartete. Doch auch die finden sich. Besonders reizvoll und zukunftsfähig sind die starken GSI-Versionen und die gut ausgestatteten „Edition"-Modelle - mit serienmäßigem ABS.

Billig ist er ja. Bei Youngtimern wie dem Kadett sollte aber der gute Pflegezustand entscheiden

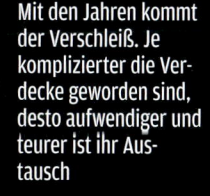

Der Ersatz aufgequollener oder gerissener Dichtgummis kann teuer werden

Undichtigkeiten sorgen oft für erheblichen Ärger

Mit den Jahren kommt der Verschleiß. Je komplizierter die Verdecke geworden sind, desto aufwendiger und teurer ist ihr Austausch

Bei Cabrios, die weiter im Alltag laufen sollen, bietet eine beheizbare Heckscheibe aus Glas einen großen Vorteil (links). Fenster aus Folie erblinden meist mit den Jahren. Sie lassen sich jedoch austauschen

Das Verdeck, ein Kapitel für sich

sofern nicht vorhanden, sich etwas technisches Basiswissen anzueignen und in eine sinnvolle Grundausstattung an Werkzeug samt Reparaturhandbuch zu investieren. Die meisten Autowerkstätten sind mit Klassikern heute völlig überfordert. Bei Youngtimern aus den 1990ern klappt es meist noch, doch welcher Mechatroniker weiß noch mit einem Weber-Doppelregistervergaser umzugehen?

Während viele grundlegende Kaufratschläge, beispielsweise zu den Themen Rost und Mechanik, für für einen Cabrio-Kauf nicht anders ausfallen als bei Coupés und Limousinen (siehe vorhergehendes Kapitel), gibt es doch einen heiklen Bereich, der das emotionale Plus aller offenen Klassiker darstellt: das Verdeck. Je nach Fahrzeugtyp und Alter gibt es enorme Unterschiede in der Ausführung, die von einer simpel aufknüpfbaren Plastikplane bis hin zur vollhydraulischen Konstruktion mit unzähligen Stellgliedern reichen. Eines haben sie jedoch gemeinsam: Sie sind anfällig, und mit Jahren des Betriebs verschleißen sie. Ursachen sind zum einen Witterungseinflüsse wie Regen, Kälte, Hitze und vor allem Schmutz, die dem Obermaterial zusetzen. Dazu kommt eine immer gleichförmige mechanische Belastung beim Öffnen und Schließen. Knickstellen und Abrieb sind die Folge.

Kein Material macht das auf Dauer mit, auch wenn gute Verdeck-Qualitäten deutlich länger halten als billige. Eine sorgfältige Prüfung des Textildachs lohnt sich in jedem Fall: Lässt es sich problemlos öffnen und wieder schließen? Mitunter ist ein Test auf Wasserdichtheit sinnvoll. Un-

bedingt sollte der Sitz aller Fenster zum Dach geprüft werden. Als Faustregel gilt: An ein BMW 3er-Vollcabrio, aber auch bereits an einen offenen Käfer, darf der Käufer höhere Ansprüche stellen als an einen englischen Roadster aus den 1960er-Jahren.

Die simpelsten Verdecke bestehen aus Kunststoffmaterial, das abgeknöpft und im Kofferraum verstaut wird. Gleiches gilt für das Gestänge, das in vielen Fällen nur gesteckt ist und aus den Halterungen herausgenommen werden muss. Gegen diese simplen Zeltlösungen sind die gefütterten Faltverdecke großer Cabrios – beispielsweise beim Mercedes Ponton Cabrio – wahre Wunderwerke der Konstrukteurskunst und des Sattlerhandwerks. Sie sind schwer und lassen sich – am besten zu zweit – nach hinten falten. Insbesondere bei diesen aufwendigen Dächern ist eine Prüfung des Verdeckgestänges noch wichtiger als die Beurteilung der Textilien. Beispiel: Bei einem Mercedes 300 SL aus den 1950ern kostet eine professionelle Überholung der Verdeckmechanik weit über rund 5000 Euro, bei schweren Schäden auch deutlich mehr – und eine neue Dachhaut samt Dämmung und Innenhimmel geht nochmals extra.

Weist der Verkäufer auf ein jüngst überholtes Dach hin, sollten weder Falten noch frische Scheuerstellen auffallen. Sie deuten auf eine fehlerhafte Arbeit hin. Auch die Materialien unterscheiden sich enorm. Es gibt preiswerte Importverdecke, zum Beispiel aus den USA oder aus Indien via Großbritannien, die jedoch in ihrer Haltbarkeit weit hinter der deutschen Markenlegende namens „Sonnenland" zurückstehen. Der Stoff mit diesem Namen ist teuer,

Herzlich willkommen in den 50ern: Der 190 SL lockt mit wundervollem Wirtschaftswunder-Kolorit aus Chrom und elfenbeinfarbigem Lenkrad

Chrom ist immer teuer: Wer solche Schäden sanieren will, sollte vor dem Kauf genau rechnen

Dieser Blick hat schon viele verführt. Ganz proper zeigt sich der weiße 190 SL hier. Doch was steckt dahinter? Erst der genaue Blick hinter die Fassade klärt über den wahren Wert auf

Was hilft der Glanz von oben, wenn es unten gammelt? Bei diesem 190 SL ist der vordere Querträger löchrig – ein typischer Schaden

Wie es im Inneren des Motors aussieht, lässt sich von außen nur ahnen. Doch eine Probefahrt bringt manches ans Licht. Auch ein Blick unter das Auto lohnt sich – wie der Ölverlust zeigt

MERCEDES-BENZ 190 SL

n deutschen Wirtschaftswunder punktete er wie aum ein zweiter offener Luxuswagen: Der 190 SL versprach exklusive Sportlichkeit, aber auch Solidität nd Zuverlässigkeit. Später stürzte er in das tiefe Tal er Gebrauchtwagen, durchlebte in den 70er-Jahren as Schicksal des unmodisch gewordenen Billigheimers nd wurde später als Youngtimer oftmals nur kosmesch aufgehübscht. In den letzten Jahren sind die reise für den 190 SL stark gestiegen. Die große achfrage hat viele Restaurierungen ausgelöst - mit nterschiedlichen Ergebnissen. Immer noch kehren udem viele US-Exemplare nach Deutschland zurück. iele sind weder komplett noch gesund: Zentimeterdick appt der Spachtel über grob zurechtgehämmerten nfallschäden. Solide, ehrliche 190 SL zum fairen Tarif nd jedenfalls sehr selten geworden.

Das Verdeck, ein großes Thema. Noch wichtiger ist jedoch das Gestänge - Ersatz wird meist sehr teuer

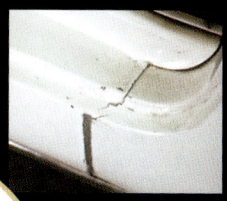

Ein genauer Blick auf die Details hilft Schäden zu entdecken. Dieser Schweller wurde vor vielen Jahren unsachgemäß repariert

Ungleiche Spaltmaße weisen auf Probleme hin. Die Ursache kann in schlampig durchgeführten Schweißarbeiten liegen

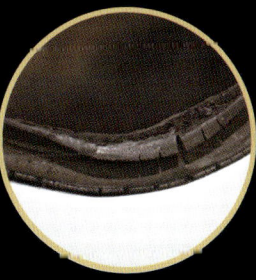

Brüchige Gummis lassen Wasser ins Innere. Nicht immer sind Ersatzteile lieferbar

Diese weiße Fahne ist ein Indiz: Im Motor stimmt nicht alles - ein weiterer Check ist hier nötig

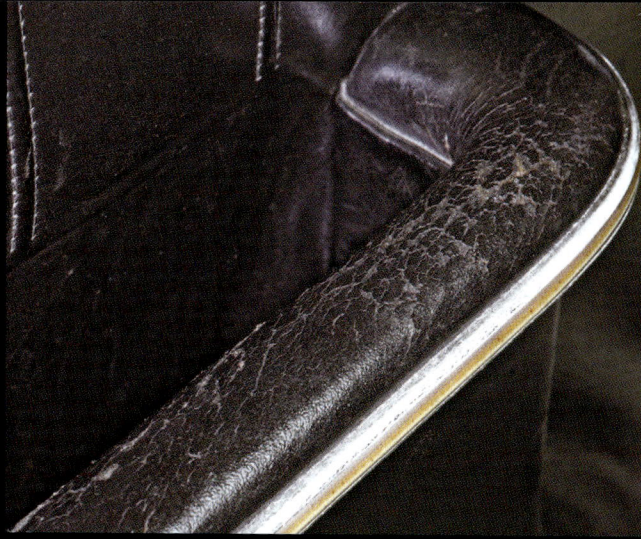

IST DAS NOCH PATINA? ODER VERSCHLEISS?
Klar, ein Oldtimer ist kein Neuwagen. Sein Charme kommt erst mit der Patina. Ein gutes Beispiel dafür ist das Leder: Es darf durchaus etwas brüchig sein. Doch Vorsicht: Dieser Zustand ist auf Dauer schwer zu halten. Und dann kommen teure Reparaturen

WAS IST ORIGINAL? UND WAS NICHT?
Die Frage klingt einfach, die Antwort ist es nicht. Sie hängt von der Definition ab: Heißt original: wie ab Werk ausgeliefert? Viele Oldtimerfans schätzen zeitgenössisches Zubehör wie diese mechanische Uhr. Doch ab Werk gab es sie so nicht

STIMMT DIE TECHNIK?
Klar, der Wagen sollte tadellos funktionieren. Aber selbst wenn er es tut, gibt es viele Dinge zu beachten. Der Mercedes 190 SL trug ab Werk (meist) Solex-Vergaser, die anfällig waren. Dieses Exemplar ist irgendwann auf eine Stromberg-Gasfabrik umgerüstet worden

Der Sprite trägt ein simples Verdeck, das kaum aufwendiger ausfällt als eine Zeltplane. Ersatz ist mit rund 300 Euro deswegen nicht allzu teuer

Von unten zeigt der Sprite nicht nur mürbe Blattfedern, sondern auch eine improvisierte Befestigung - eine ziemlich gefährliche Bastelei

Hier ein Rohr, da ein Rohr - und alles irgendwie zusammengebraten: In seinem früheren Leben in den USA genügte das. Der TÜV sieht's anders

Der Sprite beweist, dass nicht alles, was aus den USA kommt, eine Empfehlung ist. Selbst sein Chrom ist matt und picklig

AUSTIN-HEALEY SPRITE

Es gab eine Zeit, da verzehrten sich junge Männer vor Sehnsucht nach solchen kleinen Roadstern. Einen Sprite liebten sie als kleine, fixe Fahrmaschine, als Spaßobjekt für normale Budgets. Vorbei: Die günstigen Briten sind aus der Klassiker-Mode gekommen. Der Grund: Jüngere, stärkere und problemlosere Modelle wie der Mazda MX-5 haben Haudegen wie den Sprite aufs Abstellgleis geschoben. Stimmt ja auch – so ein schneller Wochenendtrip ins Tessin macht im kargen Sprite nur harte Kerle und tapfere Mädels froh. Aber der Brite bietet dafür auch ein deutlich intensiveres Erlebnis. Eine Bastelbude sollte so ein kleiner Roadster aber niemals sein. Und da wird's schwierig, weil der niedrige Marktwert ein seriöses Restaurieren unrentabel macht. Blender sind in der Überzahl – oder rustikale US-Funde wie das Fotoobjekt.

Als Andenken an seine weite Reise zurück nach Europa trägt dieser Austin-Healey Sprite noch einen Aufkleber der Spedition

gilt allerdings auch als unerreicht langlebig. Übrigens: Gelagert werden sollte ein Cabrio stets mit geschlossenem Verdeck.

Bei vielen aufwendigen Dachlösungen lässt sich nicht einfach ein neu gekauftes Verdeck von der Stange montieren. Vielmehr kauft der Sattler oft ein vorgefertigtes Rohverdeck im Übermaß, das dann von Hand individuell ans Fahrzeug angepasst werden muss. Es dauert meist mehrere Arbeitstage, bis alles sitzt und passt – wenn der Sattler ein Meister seines Fachs ist. Hier addieren sich die Kosten rasch auf einige Tausend Euro. Dem Roadster-Freund dagegen reichen oft wenige Hundert Euro für sein neues, einfaches Dach. Obwohl es heute sogar für die Ente aus teurem Sonnenland-Stoff geschneiderte Verdecke gibt: Die sehen edel aus und halten lange, wirken aber in ihrer Hochwertigkeit auf dem Einfachauto eher deplatziert.

Bei vielen Fahrzeugtypen ist es vorgesehen, über das geöffnete Verdeck eine schützende Persenning zu montieren, sofern das Dach nicht unter einem Deckel verschwindet. Diese Persenning sollte nicht nur vorhanden sein, sondern auch passen.

Für manchen Interessenten ist es zudem reizvoll, wenn der Cabrio-Klassiker mit Hardtop verkauft

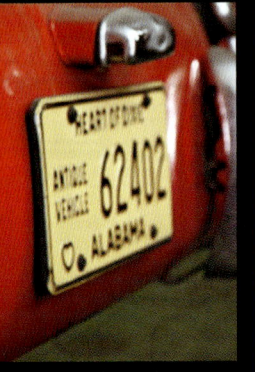

Ein langes Leben für die Hülle

Stoffdächer sind empfindlich gegen Schmutz. Ideal ist eine schonende Reinigung von Hand

Spaß macht das Cabrio am meisten bei Sonne und offenem Dach. Doch manchmal regnet's auch. Und Wasser kann ganz schön nerven, wenn es auf die Hosenbeine tropft.

Alle Verdecke verschleißen. Auch die teuerste und beste Qualität hält nicht ein Autoleben lang. Doch es lässt sich einiges tun, um ein Verdeck zu schonen. Der richtige Umgang ist das A und O: Verdecke reagieren empfindlich, wenn sie feucht oder allzu schmutzig geöffnet werden. Weil sie sich stets gleich falten, schmirgeln an

diesen Stellen Staub und Sand besonders stark am Material. Schmutz gilt neben der UV-Strahlung als größter Feind der Cabrio-Dächer.

Für eine gründliche, schonende Reinigung bieten sich ein Staubsauger und weiche Bürsten an. Man sollte in Faserrichtung arbeiten und mit viel klarem Wasser nachspülen. Zudem gibt es spezielle Verdeckreiniger, die besonders bei Textildächern gute Dienste leisten. Vorsicht: Wer sie bei Sonnenschein benutzt, riskiert dauerhafte Flecken.

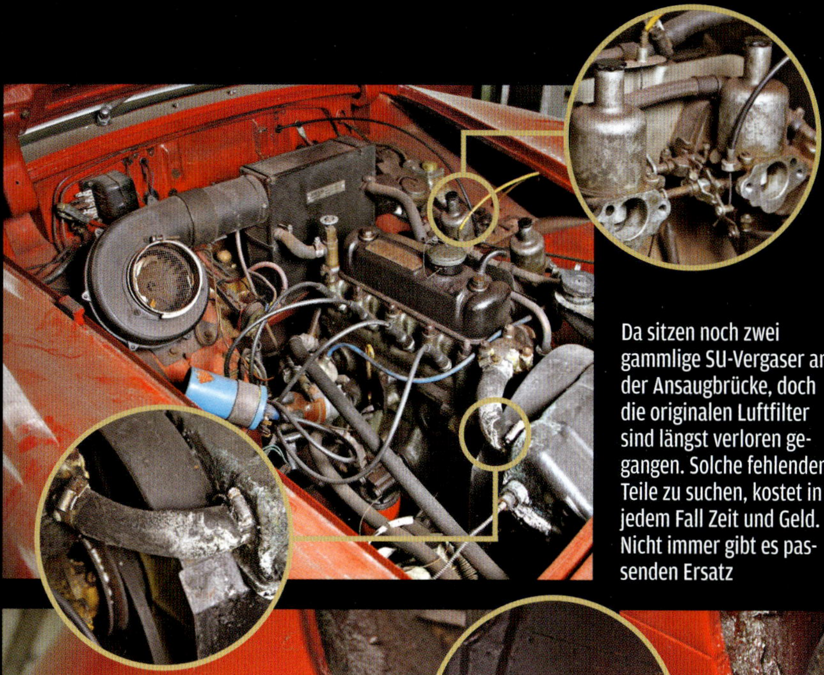

Da sitzen noch zwei gammlige SU-Vergaser an der Ansaugbrücke, doch die originalen Luftfilter sind längst verloren gegangen. Solche fehlenden Teile zu suchen, kostet in jedem Fall Zeit und Geld. Nicht immer gibt es passenden Ersatz

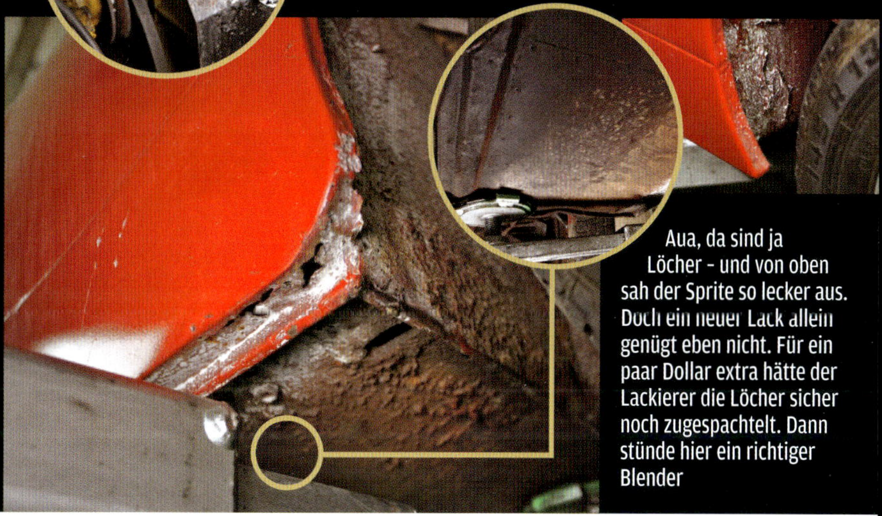

Aua, da sind ja Löcher – und von oben sah der Sprite so lecker aus. Doch ein neuer Lack allein genügt eben nicht. Für ein paar Dollar extra hätte der Lackierer die Löcher sicher noch zugespachtelt. Dann stünde hier ein richtiger Blender

wird. Bei manchem noblen Modell, wie einigen (nicht allen jedoch!) Mercedes-SL-Baureihen, war ein Coupé-Dach sogar serienmäßig im Lieferumfang enthalten. In diesem Fall sollte der Käufer prüfen, ob das Teil auch passt und nicht von einem anderen Fahrzeug stammt. Insbesondere bei Kleinserienmodellen haben die Hersteller Coupé-Dächer einzeln von Hand an die individuelle Fahrzeuggeometrie anpassen müssen.

Eine strukturelle Frage

Über die üblichen Schwachstellen der Karosserie hinaus ergeben sich bei offenen Fahrzeugen zwei zusätzliche Bereiche, die eine besondere Prüfung fordern. Zum einen wird, weil das stabilisierende Dach entfällt, die Bodenkonstruktion deutlich mehr beansprucht als bei jedem geschlossenen Auto. So sollten, sofern vorhanden, alle statisch relevanten Bereiche des Rahmens gründlich geprüft werden. Besonders bei selbsttragenden Karosserien gilt es, sie auf Verzug zu prüfen. Das gelingt am einfachsten über die Spaltmaße von Türen und Hauben. Klemmt zum Beispiel eine Türe, sind tief greifende Schäden in der Struktur zu erwarten, die oft umfangreiche (und damit teure) Eingriffe erfordern. Auch die Probefahrt gibt hier oft deutlichen Einblick: Wie

Besonders ärgerlich sind einzelne Risse oder aufgebrochene Knickstellen. Ein neues Dach wird deswegen allerdings nicht nötig: Der Handel bietet Reparatursets an - es gibt Flicken in Kunststoff und Stoffgewebe, außerdem in verschiedenen Farben.

Die Flicken werden passend zugeschnitten und mit einem Spezialkleber befestigt. Je nach Schaden können sie außen oder innen angebracht werden. Übrigens: Die meisten Autosattler bieten einen professionellen Reparaturservice an.

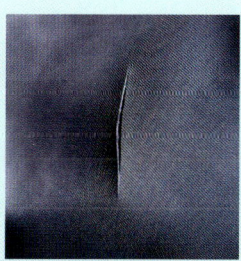 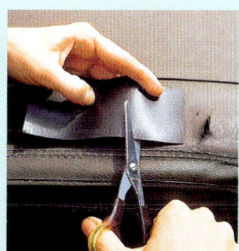 

Schnitte, Risse und aufgebrochene Knicke ärgern Cabrio-Besitzer. Doch es gibt Hilfe: Mit Reparatursätzen lassen sich viele dieser kleinen Schäden problemlos und schnell beheben

Schick, so ein knallrotes Käfer Cabrio. Sieht gut aus, der Lack glänzt, selbst das Verdeck ist noch nicht alt. Doch der Profi erkennt den Pfusch schnell

VW KÄFER CABRIOLET

Er ist ein deutscher Traum, der offene Käfer. Wer früher einen fuhr, musste sich um hübsche Mitfahrerinnen nicht sorgen. Und noch heute bricht ein Käfer Cabrio die Herzen der stolzesten Frauen. Aber Vorsicht – viele Käfer Cabrios retteten sich auf der letzten Rille in die Gegenwart. Für kleines Geld gibt's deshalb nur Baracken. Inzwischen nehmen aufwendige Restaurierungen zu, sind jedoch stets mit erheblichen Kosten verbunden. Das Ergebnis: In den vergangenen Jahren sind die Preise solider Stücke deutlich gestiegen – Fahrzeuge im Spitzenzustand bringen durchaus 25 000 Euro, Tendenz steigend. Dafür garantiert der Käfer auch in seiner offenen Version absolute Alltagstauglichkeit, er ist robust und langlebig und bietet vier Personen Platz. Nur eines mag er nicht: allzu große Eile. Aber das muss ja kein Nachteil sein.

KÄFER, FALL 1: mürbes Blech und viele Löcher unter neuem Lack

Oft genügen ein paar Blicke hinter die glänzende Kulisse, um Scharlatane zu entlarven. Beispiel Käfer Cabrio: Wer so oberflächlich arbeitet wie hier, der begeht Betrug. Gefährliche Löcher in der tragenden Struktur sind geblieben, und wie viel Rost vorhanden ist, zeigt ein Blick unter das Typenschild

KÄFER-FALL 2: Mit müder Mechanik macht das Offenfahren keinen Spaß

Der Austausch des dick gefütterten Käfer-Verdecks ist eine Aufgabe für Profis

Oben weiß, unten braun – hier hat sich der Rost bereits durch Lack und Unterbodenschutz gefressen

Schäden wie diese sind meist nur Vorboten. Profis wissen, dass mehr im Verborgenen lauert

Der Blick auf bekannte Schwachstellen lohnt sich besonders. Schnell trennt sich hier die Spreu vom Weizen

Hier war's schade um den schönen Lack: Die mürbe Käfer-Karosserie ist nicht einmal mehr in der Lage, die eigene Last zu tragen

Es gibt Zeitgenossen, die haben ein gutes Händchen. Zentimeterdick tragen sie den Spachtel auf, um die alte Form zu modellieren. Gelingt ihnen das, sind Laien schnell hinters Licht geführt. Wer unsicher ist, sollte in jedem Fall einen Experten fragen

Oft zeigen die Boxer-Triebwerke deutliche Spuren von Ölverlust. Dieser sieht dicht aus. Allerdings bedeutet das noch lange nicht, dass die Mechanik auch tatsächlich gesund ist

Eine schwächelnde Batterie ist schnell und preiswert ersetzt. Wichtiger ist die Frage, ob das Blech unter ihr noch trägt

Der Auspuff ist eine typische Käfer-Schwachstelle. Er ist oft undicht, gern sind auch die Wärmetauscher löchrig. Klar, dass dann die Heizung nicht funktioniert. Doch schlimmer sind Abgase, die in den Innenraum dringen

sehr schüttelt sich der Aufbau, schwingt vielleicht sogar nach? Mitunter ächzen die weich gefahrenen Karosserien bei jedem kleinen Schlagloch.

Einen weiteren Punkt stellen die Verdeckkästen dar. Nicht jedes offene Auto verfügt über sie, insbesondere Roadster mit ihren abnehmbaren Verdecken benötigen sie nicht. Doch je jünger und aufwendiger die Fahrzeuge sind, desto komplexer fällt dieser Bereich aus. Hier sollte, besonders unter eventuell vorhandenen Verkleidungen, gründlich nach Rost gefahndet werden. Meist sind die Kästen mit Ablauflöchern versehen, durch die eingedrungenes Wasser nach außen ablaufen kann. Ist dies nicht mehr gewährleistet, beginnt oft der Rost zu wüten.

Fahrspaß bei Sonne

Bei schönem Wetter sind Roadster nicht zu toppen: Intensiver lässt sich eine schöne Landstraße nicht erleben. Andererseits gibt es viele Einschränkungen: Zieht ein Gewitter auf, regnet es oft bereits richtig, bevor der Fahrer das Dach komplett aufgeknöpft hat. Dann ist die Sicht nach draußen oft miserabel, und richtig wasserdicht sind viele der Einfachverdecke auch nicht. Doch das stört einen Fan nicht – die Sonne wartet schon hinter den Wolken.

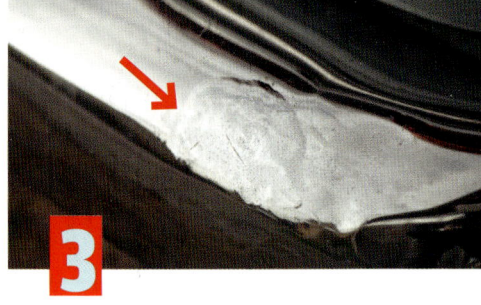

1 **2** **3**

Sie hinterlässt auf Fotos einen properen Eindruck, diese Heckflosse. Doch schon der erste Rundgang sorgt für große Zweifel: Wer sich die Mühe macht und seinen Oldtimer lackieren lässt, sollte erst die Türkanten (1) reparieren – oder besser gleich die Tür tauschen. Doch nicht nur die Tür, auch der Schweller (2) zeigt starken Rostbefall. Dicke Blasen wirft der Chrom auf der Stoßstange (3).

So erkennen Sie Blender

Sie sind unter uns. Sie wollen uns erst verführen und dann ruinieren. Kaum eine Oldiekarriere, an deren Anfang keine hübsch lackierte Möhre stand. Wir zeigen, wie selbst Neulinge einen Blender enttarnen können

DER BLENDER
Mercedes 200 D
Baujahr 1966, H-Kennzeichen
4200 Euro VB
(Privater Anbieter)

■■■ Rosstäuscher gab es schon immer, und so ist die Geschichte vom Blender älter als viele unserer Oldtimer. Natürlich werden Autos zum Verkauf aufgehübscht, seit es sie gibt. Schmuddel verkauft sich schließlich schlecht. Doch hier lauert die Gefahr: Was ist Kosmetik, was gemeiner Betrug?

Die Grenzen verlaufen fließend. Wer sein Auto putzt und poliert, vielleicht eine frische Batterie montiert, damit der Motor gut anspringt, wird seinen Wagen leichter los. Die Dramen finden statt, wo kriminelle Energie im Spiel ist. Und das ist nicht selten: Schließlich lässt sich so mit wenig Einsatz und Talent schnelles (Schwarz-)Geld verdienen.

Die Blender lauern überall. Hinter jeder Anzeige oder sogar dem gut gemeinten Kumpel-Tipp. Zum Glück lässt sich manch Blendwerk mit gezielten Fragen schnell als solches entlarven. Die Frage nach dem Originallack zum Beispiel. Oder: Welche Schweißarbeiten wurden gemacht? Konkret: wo und wie?

Natürlich gibt es Anbieter, die fortlaufend mit der Lüge leben. Die von Originallack berichten, obwohl der sich nur noch am Handschuhkasten orten lässt. Die von eingeschweißten Blechen nichts wissen und stattdessen Ersthand-Märchen erzählen. In solchen Fällen hilft nur beharrliches Nachhaken, möglichst fachlich fundiert. Blender lassen sich eben nur losschlagen, wenn der Käufer zu wenig weiß.

Sicher ist nichts. Selbst H-Kennzeichen und frische Prüfsiegel können täuschen, unsere blaue Heckflosse beweist es. Unter dem frischen Lack wartet eine schrottreife Karosserie auf den unkundigen Käufer. Der könnte zwar auf

Der Motor läuft gut – ein Pluspunkt. Doch nur Experten können erkennen, dass heute in diesem 200 D ein 240er-Diesel seine Arbeit verrichtet

4 An einer anderen Tür zeigt sich sogar ein neues Blech (4). Vertrauen in die Substanz schafft es nicht. Auch die Heckschürze (5) beweist, dass hier ohne jede Sorgfalt gearbeitet wurde. Und sogar an einer untypischen Stelle wie der Regenleiste (6) findet sich bereits Rost

5

6

7

8 Fast keinen Rost sollte die Heckflosse haben, hieß es. Der Hauptrahmen sei gut. Und dann das: Der Blick von unten offenbart das nackte Grauen. Der vordere Querträger (7) trägt nichts mehr, und in der tragenden Struktur finden sich faustgroße Löcher (8). Die Bremsleitungen sind bereits im Endstadium verrostet, weiter hinten klammern sich die Schubstreben der Hinterachse verzweifelt an bröselige Fragmente. Das muss jedem auffallen? Nein, nicht jedem. Denn immerhin trägt diese Flosse ein H-Kennzeichen. H wie Horror

Der Anbieter versprach ein rundum ehrliches, fahrbereites Auto. Doch hinter den Kulissen wartete bei dieser Mercedes-Heckflosse der automobile GAU auf den Käufer

Rückgabe drängen – und hoffen, sein Geld wiederzusehen. Doch das kostet Nerven, Zeit – und Geld.

Gut, nicht jeder Blender stammt von einem Betrüger. Mancher stolze Verkäufer lebt eben in seiner eigenen Welt. Wer 20 Jahre lang ein und dasselbe Auto gefahren hat, blickt in aller Regel milde über dessen Schwachpunkte hinweg. Oder sieht sie erst gar nicht. Falls doch, hat er womöglich mit Flickwerk in Eigenregie mehr zerstört, als zu retten war. Hingebratene Schweißnähte, bis zur Gürtellinie hochgezogener Unterbodenschutz und einen von Mutti grob gestopften Dachhimmel, nein, so was will nun wirklich keiner.

Natürlich gibt es auch Oldtimer, die hervorragend restauriert sind. Oder bestechend unberührt. Typen, an denen alle Zweifel abperlen wie Landregen von frisch gewachstem Lack. Tja, solche Autos, die suchen wir alle.

Diese Arabella ist unrestauriert. Sie bietet eine gute Basis, auch wenn sie nicht ohne Makel ist. Falsche Stoßstangenschrauben (1) zeigen es, ebenso verunglückte Lackierversuche (3) und Rost (4). Dafür bleibt dieses Exemplar grundehrlich, wie die Heckflossenpartie (2) zeigt. Auch der Innenraum überlebte weitgehend unverbastelt: Die Sitzbezüge sind ebenso original wie die Seitenverkleidungen (5)

DER EHRLICHE
Borgward Arabella
Bj. 1960, lange abgemeldet,
3250 Euro VB

KAISE

Schauen wir mal rein

Frevel war es nicht: Der Versuchswagen wäre sonst verschrottet worden

Dass Autos rosten, ist eine sichere Erkenntnis. Jeder weiß es. Das Gefährliche ist nur: Man kann beginnenden Rost nicht sehen, weil er zunächst im Verborgenen blüht.

Um zu zeigen, wie sehr eine nach außen tadellose Karosserie unter der Oberfläche leiden kann, haben Mercedes-Experten diese S-Klasse (Baureihe W 108) aufgeschnitten. Hinter dieser Aktion steckt der vdh (ehemals Verein der Heckflossenfreunde, www.mercedesclubs.de). Wer auf Treffen oder Messen dieses Schnittmodell

sieht, erkennt plötzlich die drohende Gefahr.

Die meisten Oldtimer mit selbsttragenden Karosserien, die ihren Alltag auf der Straße verbracht haben, dürften so aussehen. Mindestens. Solange der Rost noch keine Löcher gefressen hat, verdrängen Oldtimerfans gern das Problem. Dabei lässt sich etwas dagegen unternehmen: Eine professionelle Hohlraumversiegelung mit Fett kann das Rosten zwar nicht stoppen, aber zumindest extrem verlangsamen.

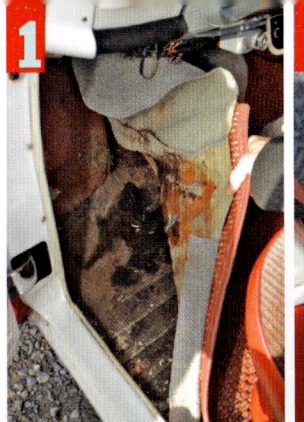

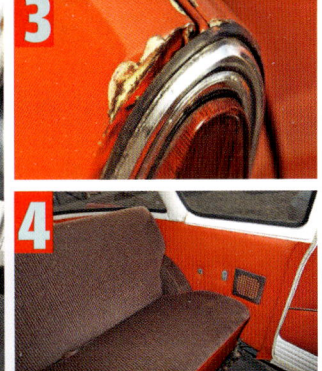

Diese Arabella meint es nicht böse. Auch ihr langjähriger Besitzer nicht. Er hat sein Auto geliebt. So sehr, dass er es selbst restaurierte. Leider achtete er nicht darauf, die chronisch undichte Arabella stets trockenzulegen (1). Auch Details sind unsauber gearbeitet (2), ein kleiner Heckschaden (3) nicht repariert. Aufgearbeitet hat er auch das Interieur (4). Stoff und Kunstleder wählte er nach seinem Geschmack

DER BLENDER
Borgward Arabella
Bj. 1960, H-Kennzeichen

8499 Euro VB
(beim Profi-Händler)

e Zeitbombe tickt ohne Pause. Nach nd nach wird sich der Rost durch das Blech s Kofferraumdeckels fressen

Auch dieser Hohlraum oberhalb des Radhauses löst sich bereits auf

Der Schweller sieht von außen tadellos aus. Auch stabil ist er noch. Doch wer ihn jetzt nicht schützt, dürfte in wenigen Jahren erste Löcher entdecken

Auch am vorderen Schwellerende zeigt sich der langsame Verfall

V12-Schnäppchen im Werkstatt-Check

Jaguar Sovereign V12

Erstzulassung	1/1989
Laufleistung	127 984 km
Vorbesitzer	4
Zustand	3-4, stillgelegt seit 2011

Preis: 5350 Euro

JAGUAR HH·DR 814 Sovereign V12

So werden Schnäppchen nicht zu teuer

Ein Zwölfzylinder für 5000 Euro – kann das gut gehen, oder führt der Kauf direkt in den Ruin? Wir verraten, was leichtsinnige Jaguar-Käufer wirklich erwartet

FOTOS: C. BITTMANN, M. PUTHZ, S. KRIEGER

■ Autobörsen-Surfer wissen: Hinter jedem Mausklick lauert die Versuchung. Jaguar-Limousinen aus den 80er- und frühen 90er-Jahren sind billig, der Traum vom Zwölfzylinder liegt zum Greifen nahe. Doch das Preis-Tief hat

Gründe: Den englischen Luxusautos eilt ein zweifelhafter Ruf voraus, ihre Wartung gilt als kompliziert und teuer. Stimmt es wirklich, dass man sich an einem günstig gekauften Zwölfender die Finger verbrennt?

Wir wollen es genau wissen und bringen zwei XJ der Serie III zum Check in die Werkstatt. Referenzauto ist ein 91er aus zweiter Hand, mit dem man sofort losfahren könnte. 80 665 Kilometer stehen auf dem Zähler,

der Motor ist bereits auf Euro 2 umgerüstet. Einziger sichtbarer Wermutstropfen für Perfektionisten: Heck und Türen wurden schon mal nachlackiert. 14 900 Euro ruft ein Hamburger Händler für den dunkelblauen Daim-

Double Six

Daimler

HH · XJ 1212

Messebau · Film-Fernseh-Ausstattung · Veranstaltungen · www.MAV.de

Daimler Double Six

Erstzulassung 4/1991
Laufleistung .... 80 665 km
Vorbesitzer.................................... 2
Zustand .... 2, TÜV bis 10/2016

Preis: 14 900 Euro

Stunde der Wahrheit: Kfz-Meister Kay Bornholdt untersucht,
was beim 5000-Euro-Jag alles im Argen liegt

ler Double Six auf, damals war das das Spitzenmodell. Klingt viel, ist aber sogar 300 Euro billiger, als Marktbeobachter Classic Data für ein gepflegtes Exemplar im Zustand 2 veranschlagt. Einen schwarzen Sovereign von 1989 stellen wir dagegen. 127 984 Kilometer hat er runter, vier Vorbesitzer stehen im Brief. Auch er sieht äußerlich gut aus, doch über die Historie ist so gut wie nichts bekannt. Immerhin: Das Blech wirkt gesund, selbst an neuralgischen Punkten wie Schwellerspitzen oder Scheibenrahmen findet sich kein Rost. Das ist schon mal die halbe Miete, denn eine Karosseriesanierung verschlänge ein Vermögen. Dafür liegt bei der Technik vieles im Argen. Wegen Öl-Inkontinenz ist der Jaguar nur bedingt fahrtauglich. Wir setzen seinen Marktwert daher mit 5350 Euro an, genau zwischen den Zustandsnoten 3 und 4, und lassen Kay Bornholdt auf den Wagen los. Der Kfz-

Meister mit eigener Werkstatt in Schenefeld bei Hamburg (www. bornholdt-schaal.de) hat Erfahrung mit komplizierten Klassikern. Seit mehr als zehn Jahren schraubt er mit seinem Kompagnon Thorsten Schaal an Ferrari, Maserati, Jaguar und Aston Martin. Nach einer Bestandsaufnahme wird er uns sagen, was an Kosten auf uns zukommt, wenn wir den „Black Jag" auf das Niveau des blauen Daimler bringen wollen.

Also: rauf auf die Hebebühne! Die hinteren Bremsen werden noch eine Weile halten. Das ist Gold wert, denn zum Tausch der innen liegenden Scheiben müsste die Hinterachse raus. 1500 Euro kämen da für Lohn und Teile schnell zusammen. Glück gehabt! Doch freuen wir uns lieber nicht zu früh. „Hauptproblem beim XJ12 ist die schlechte Zugänglichkeit vieler Bauteile", erklärt Kay Bornholdt, während er die Fahrzeugunterseite ableuchtet. „Dadurch gehen auch vermeintlich einfache Reparaturen oft tierisch ins Geld."

Wer die Haube öffnet, versteht sofort, was der Experte meint. Das 5,3-Liter-Triebwerk ist unter einem

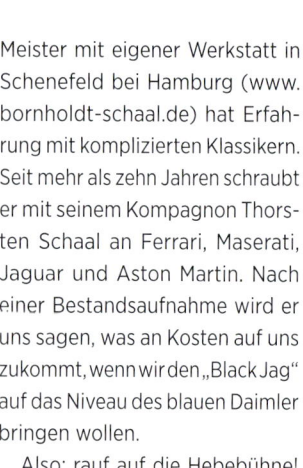

Jaguar Sovereign V12

Bis auf ein paar Haarrisse im Wurzelholz ist das Interieur in gutem Zustand. Sauber machen, Leder aufpolieren - fertig!

An beiden Ventildeckeln tritt Öl aus und rinnt am Motor herab. Neue Dichtungen kosten 58 Euro. Hinzu kommen 450 Euro Arbeitslohn

Die innen am Hinterachsdifferenzial liegenden Scheibenbremsen sind noch in Ordnung. Das erspart eine umständliche und teure Reparatur

Zwölf Jahre sind zu viel: Die alten Reifen müssen runter. Der Jag bekommt vier frisch gebackene Pirellis, Stückpreis 165 Euro

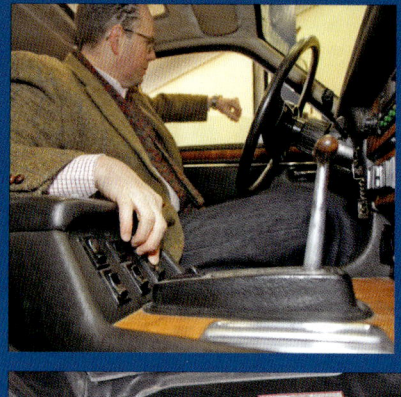

Fensterheber und Schiebedach brauchen manuelle Hilfe. Zum Gangbarmachen müssen die Türverkleidungen runter. Kosten: rund 300 Euro

Das dreckige Dutzend: Der Motorraum des XJ12 gleicht einer Schlangengrube. Die schlechte Zugänglichkeit vieler Bauteile verteuert Wartung und Reparaturen

Über die linke Lenkmanschette tropft Öl aus der defekten Druckleitung der Servopumpe. Da man schwer rankommt, stehen für die Reparatur am Ende fast 700 Euro auf der Rechnung

Durchrostungen finden sich nur an der Heckschürze. Halb so wild. Doch Schweißen und Lackieren summieren sich trotzdem auf fast 1300 Euro

Ebbe im Ausgleichsbehälter: Alarm! Ursache für den Kühlwasserverlust könnten die Thermostat-Zuleitungen sein, sie werden durch Hitze porös

Prima Klima? Hier nicht. Zum Glück funktioniert der Kompressor noch, die Anlage muss nur neu befüllt werden. So kommen wir mit 'nem Hunni davon

Gewirr von Leitungen und Schläuchen kaum zu entdecken, der Maschinenraum fast komplett ausgefüllt. Auch von unten ist die Sicht kaum besser, wie wir bei der Suche nach den Ursachen von Flüssigkeitsverlusten bemerken.

Kay wird gleich an mehreren Stellen fündig. Die Ventildeckel schwitzen Öl und müssen neu abgedichtet werden. Beim sechszylindrigen XJ ein Kinderspiel. Beim Zwölfer sind dagegen zeitraubende Vorarbeiten nötig, um überhaupt erst mal zum Ort des Geschehens vorzudringen. Der Kurbelwellen-Simmerring ist dicht: ein Segen, denn sonst müsste der Motor raus. Das rote Rinnsal, das über die linke Lenkmanschette auf den Werkstattboden tropft, verfolgt Kay bis zur Druckleitung, die von der Servopumpe zum Lenkgetriebe führt. „Neu machen", lautet sein lapidares Urteil.

Noch was? Leider ja. Auch am Heck markiert die Katze ihr Revier. Benzingeruch bringt Kay schnell auf die richtige Fährte. Die unter dem linken Seitenteil der Heckschürze entlanggeführte Spritlei-

Die Bremsflüssigkeit wurde zuletzt 2005 gewechselt. Die Bremsschläuche machen wir bei der Gelegenheit gleich mit. Kostenpunkt: 481 Euro

An beiden Schubstreben der Hinterachse zeigen die Gummis Risse. Neue kosten je 246 Euro. 182 Euro für den Einbau kommen noch drauf

Das XJ-Fahrwerk hat 17 Schmiernippel, die alle 12 000 Kilometer frisches Fett verlangen. Wird oft vergessen, hier aber bei der Inspektion erledigt

Brandgefährlich: Aus der korrodierten Spritleitung hinten rechts tritt Kraftstoff aus. Direkt daneben liegt der heiße Auspufftopf

Daimler Double Six

Glänzende Walnussholz-Paneele, makelloser Innenraum in Savile Grey. Das weiche Connolly-Leder duftet wie am ersten Tag

FOTOS: S. KRIEGER (14), M. PUTHZ

Das kostet der „**billige**" Jaguar

Kaufpreis	5350,00 Euro
Querlenkerbuchsen vorn rechts erneuern, inkl. Teile	413,67 Euro
Achsvermessung und -einstellung	101,15 Euro
Stabilisator-Koppelstangen Vorderachse erneuern, inkl. Teile	281,30 Euro
Druckleitung Servopumpe erneuern, inkl. Teile und Neubefüllung	691,28 Euro
Lenkmanschetten erneuern, inkl. Teile	172,52 Euro
Ventildeckeldichtungen rechts und links erneuern, inkl. Teile	513,50 Euro
Zündkerzen erneuern, inkl. Teile	235,57 Euro
Thermostat erneuern, inkl. Teile	117,93 Euro
Dichtung Abgaskrümmer rechts erneuern, inkl. Teile	299,29 Euro
Bremsschläuche erneuern und Bremsflüssigkeit wechseln, inkl. Teile und Material	481,08 Euro
Klimaanlage prüfen und befüllen, inkl. Kältemittel	96,57 Euro
Kraftstoffleitung hinten rechts erneuern, inkl. Teile	449,23 Euro
Schweißarbeiten (Heckschürze), inkl. Material und Lackierung	1294,13 Euro
Schubstreben hinten rechts und links erneuern, inkl. Teile	674,73 Euro
Radlager hinten links erneuern, inkl. Teile	327,49 Euro
Fensterheber und Schiebedach gangbar machen	296,01 Euro
Haubendämpfer erneuern	277,85 Euro
4 Reifen Pirelli P6000 215/70 VR 15 inkl. Wuchten und Montage	848,61 Euro
Starterbatterie erneuern	208,90 Euro
Elektrische Antenne erneuern	302,86 Euro
Inspektion inkl. Motor- und Getriebeölwechsel, Neubefüllung HA-Differenzial, Luftfilter-, Keilriemenwechsel und Abschmierdienst	1448,22 Euro
Einbau Kaltlaufregler (Euro-2-Umrüstung), inkl. Teil	479,15 Euro
Hauptuntersuchung/Abgasuntersuchung	104,27 Euro
Kfz-Zulassung	40,00 Euro
Kennzeichen	20,00 Euro
Summe	**15 525,31 Euro**

Alle Preise inkl. 19 % MwSt. Arbeitskosten beruhen auf Richtzeiten und Erfahrungswerten, Stundensatz 85 Euro netto

Bestandsaufnahme: Der blaue Daimler ist sofort startklar, beim schwarzen XJ drohen Reparaturen in fünfstelliger Höhe

tung ist durchgegammelt; direkt neben dem heißen Auspufftopf tritt Kraftstoff aus. Brandgefährlich! Und womöglich auch der Grund, weshalb der 264-PS-Motor ab 120 km/h schwächelt: Was bei starkem Gasgeben vorn an Benzin benötigt würde, geht hinten schon flöten.

Ob alles rundläuft, lässt sich bei einer Probefahrt oft schwer beurteilen. Selbst wenn sich ein oder zwei Zylinder ausklinken, fällt das bei einem XJ12 kaum auf.

Also in der Werkstatt prüfen, ob die Kompression auf allen Töpfen stimmt. Und ganz genau hinhören! Wir machen links ein leichtes Zischeln aus. Kay tippt auf Risse im Abgaskrümmer und rät zum Austausch. Dabei sollten gleich die in direkter Nachbarschaft verlaufenden Thermostat-Zuleitungen mit erneuert werden, empfiehlt er. Verspröden sie, droht Kühlwasserverlust – der häufig unbemerkt bleibt, weil die Flüssigkeit sofort verdampft. Das könnte auch hier der Fall gewesen sein: Im Ausgleichsbehälter herrscht Niedrigwasser.

Hoffentlich hat der hitzeempfindliche V12 noch keinen Knacks gekriegt!

Das kostet der „**teure**" Daimler

Kaufpreis	**14 900,00 Euro**
Ummelden	18,60 Euro
Gesamt	**14 918,60 Euro**

Sorgfältige Wartung ist bei einem Jaguar zentraler Teil der Risikominimierung – je mehr dokumentiert ist, desto besser. Beim Schwarzen verliert sich diesbezüglich beinahe alles im Dunkel der Geschichte. Beim blauen Daimler hingegen liegt der letzte große Service nach Händlerangaben erst 2000 Kilometer zurück. Hier kauft man die Katze also nicht im Sack.

Auf der Hebebühne nebenan geht die Fehlersuche unterdessen weiter – frei nach dem Motto: Ein bisschen was findet sich immer noch. Frisches Öl für Automatik und Differenzial sowie die Erneuerung der zuletzt vor zehn Jahren gewechselten Bremsflüssigkeit schreibt Kay auf die To-do-Liste. Außerdem: Radlager hinten links, Querlenkerbuchsen vorn rechts, Stabilisatorgummis, Schubstreben, Ersatz für die kaputten Haubendämpfer, vier neue Reifen – und ... und ... und ...

Bald ist klar: Den Schwarzen flottzumachen, wird zum kostspieligen Großprojekt. Das ganze Drama auf den Cent genau zeigt der finale Kassensturz: Die Reparaturrechnung beliefe sich auf fast das Doppelte des Fahrzeugwerts! Wer auf ein solches Schnäppchen reinfällt, kriegt also ganz schön was auf die Zwölf.

FAZIT

Wer sich für wenig Kohle einen alten Zwölfzylinder anlacht, sollte wissen, was er tut. Oder selbst ein guter Schrauber sein. Jahrelangen Reparaturstau aufzulösen, kostet ein Vermögen. Unterm Strich ist dann – wie hier – das teurer gekaufte Auto meist eben nicht teurer.

So lohnen sich Auktionen

Abseits von eBay gibt es noch immer klassische Auktionen mit Handheben und Hammer. Die können gerade in Zeiten des Internets eine interessante Alternative sein

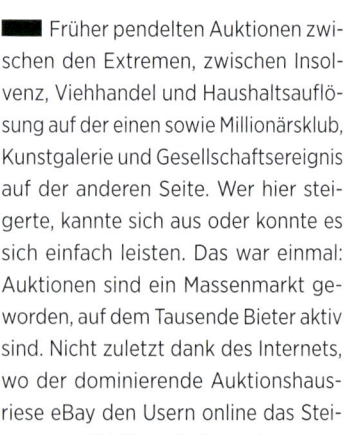

■ Früher pendelten Auktionen zwischen den Extremen, zwischen Insolvenz, Viehhandel und Haushaltsauflösung auf der einen sowie Millionärsklub, Kunstgalerie und Gesellschaftsereignis auf der anderen Seite. Wer hier steigerte, kannte sich aus oder konnte es sich einfach leisten. Das war einmal: Auktionen sind ein Massenmarkt geworden, auf dem Tausende Bieter aktiv sind. Nicht zuletzt dank des Internets, wo der dominierende Auktionshausriese eBay den Usern online das Steigern und Taktieren beibrachte.

Neben dem klassischen Gebrauchtwagenmarkt und den elektronischen Handelsplattformen der virtuellen Neuzeit haben sich die traditionellen Auktionshäuser stilvoll und tapfer behauptet. Liest man die Namen, könnte man glauben, die Engländer hätten's erfunden: Bonhams, Coys of Kensington oder RM Sotheby's lauten die klingenden Namen der großen Auktionshäuser. Hier geht es um so viel Geld, dass nicht jedes Auto zur Versteigerung angenommen wird.

Viele der wirklich wertvollen Fahrzeuge wechseln nach wie vor bei solchen Auktionen den Besitzer, aber auch für Liebhaber mit schmaler genähtem Geldbeutel kann sich ein Gang zum Auktionator lohnen. Die Oldtimerauktion in Toffen in der Schweiz, bei der einmal im Jahr verschiedenste Fahrzeuge aller Preiskategorien ohne Mindestpreis (No Limit) unter den Hammer kommen, gilt als gute Gelegenheit zum Klassikerkauf. Bei Anbietern wie Mecum in den USA, wo während einer Auktion schon mal 5000 Fahrzeuge versteigert werden, fahren neben teuren Sammlerstücken auch modifizierte und umgebaute Oldtimer auf die Bühne.

Für Bieter aus dem Euroraum kann sich der Kauf eines Klassikers in der Schweiz oder den USA je nach aktuellem Wechselkurses lohnen. Die Auswahl an Auktionshäusern und Losen ist groß – aber egal, ob Edelauktion mit Hochpreis-Fahrzeugen oder No-Limit-Versteigerung mit Brot-und-Butter-Autos: Wer bieten und den Zuschlag erhalten will, muss die wichtigsten

Klassische Auktionen sind nicht komplizierter als eBay-Käufe

FOTOS: A. EMMERLING; ACTIONPRESS

Geschlossene Gesellschaft? Aber nicht doch: Der Eintritt ist zwar nur selten frei, liegt jedoch oft unter 100 Euro, je nach Politik des Auktionshauses. Mitbieten kann jeder, der seine Solvenz beweisen kann. Daher kann es sein, dass der Verkäufer selbst einen zu niedrigen Verkaufspreis mithilfe seiner Vertrauten zu vereiteln sucht. Wirkliche Schnäppchen sind daher möglich, jedoch nicht überaus häufig – wie im wirklichen Leben.

Probefahrt? Eher unüblich, selbst bei einem Maserati. Umso gewissenhafter muss die Sichtprüfung ausfallen

Höchstgebot per Kopfkratzen? So was gibt es nur in Slapstick-Filmen. Bieternummern sorgen für Klarheit beim Auktionskauf

Caprifischer im Glück: Bei den Oldtimer-Auktionen im schweizerischen Toffen gehen immer mal wieder kerngesunde Youngtimer weg. Das Ford-Coupé war zum Gegenwert eines zehnjährigen Golf zu haben

Spielregeln kennen. Wie die meisten Versteigerungen, folgen auch Autoauktionen fast immer dem klassischen Muster: Von einem Mindestpreis (Reserve Price) ausgehend, werden aufsteigend und offen Gebote abgegeben, bis der letzte Bieter den Zuschlag erhält. Die „Holländische Auktion", bei der absteigend Beträge geboten werden, bis ein Bieter als Erster darauf eingeht, hat auf dem Automarkt noch keine Freunde gefunden. Wichtig: Im Gegensatz zum Internet steht eine Auktion nicht jedem offen, wie bei jeder Show muss Eintritt bezahlt werden. Die Eintrittskarte ist der Katalog. Um Zuschauer und Flaneure fernzuhalten, verlangen Auktionshäuser meist zwischen 20 und 150 Euro für den Katalog. In diesem sind die Lose aufgeführt, die bei der Auktion nacheinander aufgerufen werden.

Für die längst nicht immer realistische Bewertung und Beschreibung der Lose sind Fachleute zuständig, die zuvor die zur Versteigerung kommenden, eingelieferten Artikel begutachtet haben. Schließlich sollen Texte und Bilder bewusst für das Angebot werben. Sie beziehen sich oft auf Angaben des Besitzers und lehnen jede Haftung ab.

Die Besichtigung der Fahrzeuge erfolgt vor der Auktion. Wichtig: Das hier ist kein Kauf beim Privatmann. Probefahrten kurz vor Beginn der Versteigerung sind nicht möglich, sie müssen im Vorfeld vereinbart und unternommen werden. Oft ist noch nicht einmal eine Hörprobe des Motors drin. Neben den Informationen aus dem Katalog und der Inaugenscheinnahme vor Ort ist vor allem bei hochwertigen und teuren Autos Hintergrundwissen unerlässlich.

Es ist ein bisschen wie bei den allgegenwärtigen Castingshows im Fernsehen: Die Geschichte des Kandidaten ist mindestens ebenso wichtig wie sein Kön-

Viele Auktions-Highlights sollen nicht wirklich verkauft werden - ihre Eigentümer testen nur, was die Hochpreis-Mobilie im Zweifelsfall bringt. Die Hautevolee tickt da kaum anders als der Online-Oldiehöker

Duesenberg-Parade in Pebble Beach: Besitzerwechsel per Edelauktion sind in der Königsklasse verbreitet

nen und Aussehen. War der Vorbesitzer vielleicht ein Prominenter, oder kommt der Wagen aus gepflegter erster Hand einer Milliardärsgattin? Hat er Rennsiege auf dem Konto, oder hat er sich die letzten 20 Jahre in einer Privatsammlung die Achsen krumm gestanden, seine Standschäden zur stimmungsvoll beschriebenen Patina kultiviert? Stimmen die immer mehr an Bedeutung gewinnenden „Matching Numbers"? Gehören demnach Chassis, Karosserie, Motor und Getriebe seit der Werksmontage zusammen?

Zwischen dem Wissen der Bieter und den Erwartungen des Einlieferers pendelt sich in den meisten Fällen der Preis für ein Los ein. Nur einmal, Ende der 80er- und Anfang der 90er-Jahre, schien der natürliche Marktmechanismus kräftig außer Kontrolle geraten zu sein. Sammler und Investoren zahlten aberwitzige Summen für Bugatti, Ferrari und

Co, sie spekulierten auf große Gewinnzuwächse. Am Ende ging es dieser Spekulationsblase wie dem „Neuen Markt" zehn Jahre später: Sie platzte, die Euphorie hatte ein Ende, jede Menge Geld zerfiel zu Asche.

Kurios, aber für Profis kein wenig verwunderlich: Oft bleibt die Hälfte der Fahrzeuge bei einer Auktion stehen. Viele der Lose werden von ihren Besitzern nur eingeliefert, um den Preis zu testen. Ein extra hoch gelegtes Limit schützt vor einem möglichen, zu wenig Erlös bringenden Verkauf. Nicht selten dauert es viele Monate, bis ein Auto den Besitzer wechselt. Bei Versteigerungen wie in Toffen taktieren allenfalls die Bieter. Ohne Limit aufgerufen, kann ein gut erhaltener Aston Martin theoretisch auch für 20 Euro verkauft werden. In der Praxis passiert so etwas aber nie. Der Weg zum Zuschlag ist immer der gleiche. Gebote können und werden während der Auktion oder

schriftlich im Vorfeld abgegeben. Neben den anwesenden Saal-Bietern steigern auch Interessenten via Telefon mit. Oft werden an die Teilnehmer einer Auktion Bieternummern ausgegeben, die beim Bieten hochgehalten werden. Wer sich ohne Blickkontakt zum Auktionatorenteam kurz mal am Kopf kratzt, hat also noch kein Gebot abgegeben und sich auch nicht aus Unachtsamkeit in den Ruin gestürzt. Das höchste Gebot erhält den Zuschlag, bei Auktionen nach klassischem Muster signalisiert das Klopfen des Hammers das Ende der Versteigerung für einen Artikel. Achtung, Achtung: Ein Gebot ist verbindlich, kommt einem Kaufvertrag gleich und verpflichtet zur Abnahme.

Schon bevor der finale Schlag ertönt, sollte sich jeder Teilnehmer unbedingt über sein persönliches Limit und darüber im Klaren sein, dass zum Kaufpreis ein Obolus für das Auktionshaus hinzukommt. Das Aufgeld oder die Gebühr

(Commission) liegt zwischen fünf und 15 Prozent, stellt also einen nicht zu unterschätzenden Kostenfaktor dar.

Neben dem Bieter zahlt oft auch der Einlieferer eine Provision an das Auktionshaus. Von diesen Gebühren erwirtschaftet der Veranstalter der Versteigerung seinen Gewinn. Da unterscheiden sich die neuzeitliche Handelsplattform im Internet und das klassische Auktionshaus keinen Deut voneinander.

FAZIT

Zugegeben, Auktionen sind keine Sache für jedermann. Schließlich lassen sich die Fahrzeuge nur sehr eingeschränkt vor dem Bieten prüfen, zudem (fast) nie probefahren. Und die Beschreibungen schmeicheln meist schamlos dem Wagen. Doch wenn kein Mindestpreis („Limit") vorgegeben ist, sind durchaus echte Schnäppchen möglich.

So schaut jeder unters Blech

Bislang konnten sich Oldtimer-Käufer nie sicher sein, wie es unter dem Lack aussieht. Aktive Thermografie beendet diese Unsicherheit: Das Verfahren erlaubt erstmals, durch den Lack zu schauen.

▬▬ Niemand ist begeistert, wenn sein Auto geblitzt wird – es sei denn, Michael Veith von Classic-Car-Check hat auf den Auslöser gedrückt. Mit einer Lichtanlage und einer Wärmebildkamera kann er nämlich feststellen, wie es bei Autos unter dem Lack aussieht. Das Verfahren heißt aktive Thermografie, kommt in der Luft- und Raumfahrttechnik seit 20 Jahren zum Einsatz und ist jetzt auch für (teure) Autos geeignet. AUTO BILD KLASSIK hat es im Jahr 2016 als erste Zeitschrift untersucht.

Was ist Thermografie?

Ein Verfahren, bei dem mithilfe einer Lichtquelle und einer Wärmebildkamera Karosserien aus Stahlblech, Aluminium, GFK oder CFK samt dem darüberliegenden Lackaufbau untersucht werden können. Es kommen nur Lichtwellen zum Einsatz, keine Röntgenstrahlen oder Ultraschallwellen.

Wie funktioniert Thermografie?

Die Lichtquellen – ein Blitzgerät und eine Halogenlampe – fahren bei zwei verschiedenen Messungen nacheinander auf einer

Die Testkandidaten

BMW 3.0 Si

VW Käfer Ultima Edición

Citroën DS

Mercedes 280 SE

Porsche 911

Schiene am Fahrzeug entlang und erzeugen Wärme auf der Karosserie (siehe Seite 55). Das etwa zwölf Sekunden lang leuchtende Halogenlicht erzeugt mehr Wärme als der Blitz, funktioniert daher besser in tieferen Schichten. Verschiedene Materialien unter dem Lack wie Spachtel, Zinn, Rost und Blech leiten die Wärme unterschiedlich schnell ab. Diese Unterschiede sind dann später auf den Aufnahmen der Wärmebildkamera zu sehen.

Was bedeuten die verschiedenen Farben?

Die Aufnahmen der Wärmebildkamera müssen interpretiert werden. Bei originalen Fahrzeugen ist das recht einfach. Homogene Flächen stehen für Blech oder Kunststoff, die nur von einer Lackschicht bedeckt werden. Bei restaurierten und nachlackierten Fahrzeugen können die Aufnahmen ziemlich bunt sein. Die unterschiedlichen Färbungen lassen Rückschlüsse darauf zu, wie viel Fremdmaterial auf dem Blech sitzt: Schwarz steht für eine dicke Schicht, Rot ist dünner, Grün noch dünner. Blau bedeutet mehr oder weniger normalen Lack.

Ist Thermografie gefährlich für mein Auto?

Nein, bei der Untersuchung wird das Fahrzeug nicht berührt. Die Oberflächenerwärmung durch das Licht dauert nur kurz an und beträgt lediglich etwa zehn Grad Celsius.

Original mit Thermografie-Lichtanlage. Die Farben zeigen, wie das Auto unter dem Lack aussieht. Die Gesamtansicht wird aus mehreren Einzelfotos zusammengesetzt

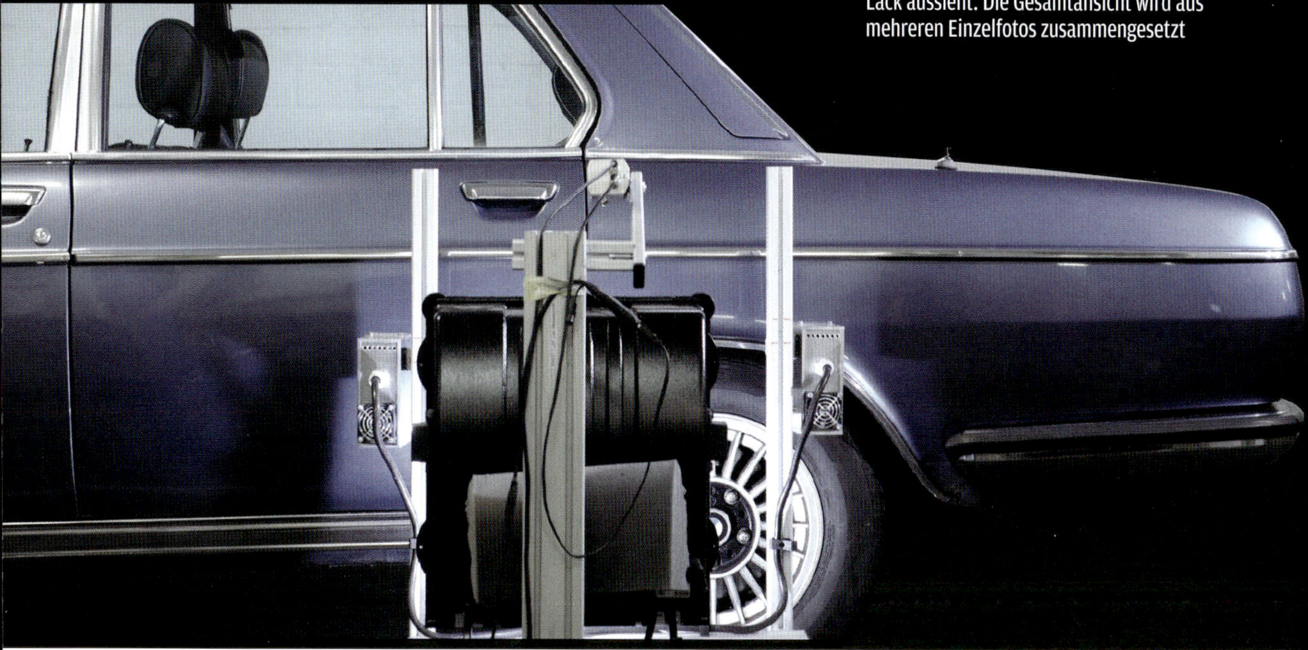

Spachtel von vorn bis hinten

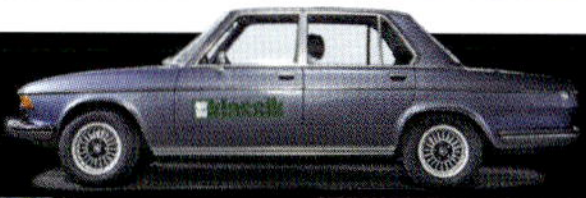

BMW 3.0 Si BAUJAHR 1973

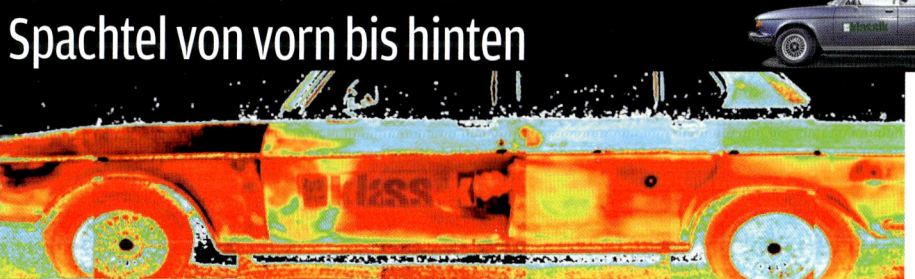

Die Aufnahmen der Wärmebildkamera zeigen fast flächendeckend Spachtel

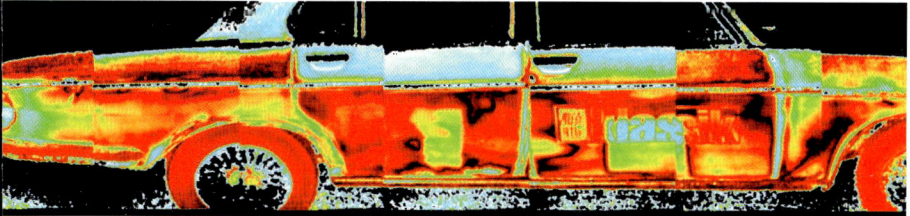

Überraschend: Der alte Heckschaden (Heft 7/2016) wurde ohne viel Spachtel repariert

Vorgeschichte: Die Historie des AUTO BILD KLASSIK-Dauertestwagens ist lückenhaft. Irgendwann hat ihn jemand neu lackieren lassen, wann und mit welchem Aufwand, ist nicht bekannt. Die Karosserie hat auf jeden Fall mehrere kleine Roststellen.

Analyse: Vor dem neuen Lack kam flächendeckend Spachtel auf den BMW. Nur die Türen oberhalb der Zierleiste blieben weitgehend frei. Dort beträgt die Lackdicke gut 200 µm. Am dicksten - allerdings immer noch völlig in Ordnung - ist die Spachtelschicht fahrerseitig oben am Kotflügel. In diesem schwarzen Bereich addieren sich zum Lack noch 500 µm (0,5 Millimeter) Spachtel. An den roten Stellen sind es 200 µm.

Muss ich meinen Wagen irgendwie vorbereiten?

Nein. Die Temperatur des Fahrzeugs ist für die Untersuchung unrelevant, es muss vorher nicht erwärmt oder gekühlt und auch nicht gewaschen werden. Der Wagen darf nur nicht nass sein. Wegen der Tropfen würde es zu viele störende Reflexionen auf dem Bild geben.

Wie lange dauert eine Untersuchung?

In der Regel werden beide Fahrzeugseiten je zweimal gemessen – jeweils einmal per Blitz und per Halogenlampe. Die Aufnahmen sind in mehrere Segmente unterteilt. Die Messung dauert insgesamt etwa 20 bis 30 Minuten, inklusive Rangieren des Fahrzeugs.

Schon im Werk ausgebessert

Einiges dran- & draufgemacht

Kotflügel mit Spachtelschicht

Perfekter Porsche

VW KÄFER ÚLTIMA EDICIÓN BAUJAHR 2003

Vorgeschichte: Der Última Edición lief als vorletzter Käfer vom Band, ist seitdem unfallfrei und unrestauriert.
Analyse: Grüne und gelbe Stellen an Kotflügeln zeigen minimale Nachbesserung, die original sein muss. Die Grünfläche in der Tür ist eine Dämmmatte.

MERCEDES 280 SE BAUJAHR 1970

Vorgeschichte: bis 210 000 km scheckheftgepflegt, sichtbarer Rost.
Analyse: dicker Spachtelauftrag an den Türen, etwas dünner am hinteren Kotflügel, wenig Spachtel am vorderen, der wohl mal erneuert wurde. Die Sprünge im Bild sind Aufnahmefehler.

CITROËN DS 20 PALLAS BAUJAHR 1973

Vorgeschichte: vor Jahren restauriert, guter optischer Eindruck.
Analyse: Zum Teil nachweisbarer Spachtelauftrag an den Kotflügeln und am Schweller, Türen nur teilweise an den Kanten gespachtelt, keine Schweißarbeiten zu erkennen.

PORSCHE 911 BAUJAHR 2002

Vorgeschichte: gebraucht gekaufter Porsche 911 der Baureihe 996, laut Verkäufer komplett im Originallack.
Analyse: Homogene Fläche wie beim Neuwagen. Den grünen Bereich in der Tür verursacht eine Dämmmatte. Stoßfänger aus Kunststoff auch unberührt.

Welche Vorteile hat Thermografie?

Bislang ließ sich der Zustand unter dem Lack nur punktuell mithilfe eines Schichtdickemessgeräts ermitteln. Thermografie geht schnell und erfasst die komplette Fläche. Die Messungen per Wärmebildkamera sind so sensibel, dass sie sogar bei folierten Autos funktionieren. Bei hochpreisigen Klassikern schafft Thermografie Sicherheit bezüglich des Karosseriezustands, sie kann Blender und Unfallschäden entlarven. Auch für Versicherungen, die aussagefähige Gutachten möchten, ist Thermografie interessant.

Wo kann ich mein Auto untersuchen lassen?

Mit der mobilen Anlage im Prinzip überall. Stationäre Anlagen gibt es im Thermografie-Zentrum in Dinslaken, in der GTÜ-Prüfstelle in der Oldtimer Remise Gut Keinemann in Bergkamen-Rünthe (NRW) und zudem in Frankfurt, Dresden und auch in den Niederlanden.

Was kostet eine Untersuchung?

Die Kosten sind erst mal heftig und machen eine Thermografie-Untersuchung zu einem Thema, das man sich gut überlegen muss: Pro Auto betragen sie etwa 450 Euro. Bei der mobilen Anlage können zusätzliche Kosten anfallen, zum Beispiel für An- und Abreise.

FAZIT

Aktive Thermografie liefert schnell eindeutige Ergebnisse, wie es bei Autos unter dem Lack aussieht. Die 450 Euro dafür sind gut investiert, weil sie Gewissheit geben und besonders Käufern von Oldtimern viel Ärger ersparen können. Beim Handel mit hochpreisigen Fahrzeugen dürfte aktive Thermografie bald Standard sein.

FOTOS: R. RÄTZKE (7), CLASSIC CAR CHECK (4), A. LIER, C. BITTMANN, T. RUDDIES

54   Kaufen

THERMOGRAFIE
in Aktion
So sieht es bei der Lackmessung aus

Zwei Blitzeinheiten mit 8000 bis 12 000 Kilojoule erzeugen einen extrem hellen Blitz mit kurzem Wärmeimpuls, zwölf Sekunden Halogenlicht (kleines Foto oben) lassen die Wärme tiefer einwirken

Das Aufbauen der mobilen Anlage dauert etwa 20 Minuten. Entscheidend dabei ist der Abstand der Lichtanlage zum Fahrzeug. Die Untersuchung findet am besten in einer Halle mit ebenem Boden statt. Während der Aufnahmen herrscht Bewegungsverbot im Bereich hinter der Wärmebildkamera. Jede Reflexion könnte das Messergebnis verfälschen. Noch wichtiger als die teure Hardware ist die Software, die anhand von Messdaten ein Bild erzeugt und eine Analyse mithilfe von Verlaufskurven ermöglicht.

Vorteil der mobilen Anlage: Statt lange zu rangieren, wird die Schiene verschoben. Die Lichtanlage besteht aus einer Halogenlampe und zwei Blitzeinheiten. Ganz oben im Bild: die Wärmebildkamera

Aus mehreren Einzelaufnahmen entsteht die komplette thermografische Seitenansicht eines Fahrzeugs. Bei der Analyse eines markierten Bereichs lassen die Verlaufskurven genaue Rückschlüsse auf Material und Schichtdicke zu

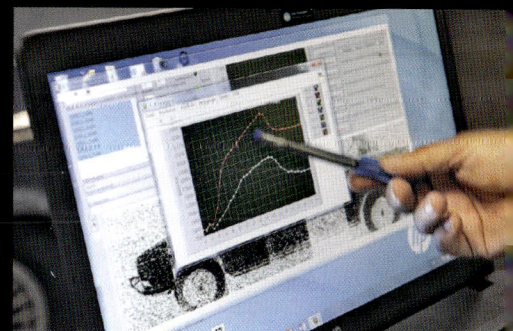

So haben Fälscher keine Chance

Das Baujahr in den Papieren ist nicht selten gelogen, die Identität eines Klassikers gefälscht. Zwei Gutachter wollen dies aufdecken – mit forensischen Methoden

■■■ Die Frage, die Bugatti-Eigner gar nicht gern hören, besteht aus nur drei Wörtern: „Ist der echt?" Wird sie gestellt, machen viele auf dem Absatz kehrt. Dabei ist die Sache durchaus ernst.

In der Prüfstelle von FSP Classic Competence in Frankfurt am Main steht, kaum zerlegt, ein Bugatti Typ 37 von 1927. „Der Besitzer möchte bestätigt haben, dass das, was er hat, auch das ist, was er glaubt zu haben", sagt Sachverständiger Fabian Ebrecht. Rund um den Wagen stehen allerlei brummende Apparaturen. Ein bisschen sieht es aus wie im CSI-Labor. Kein Wunder: Das Ganze hat tatsächlich mit kriminalistischem Spürsinn zu tun. Ebrecht und sein Kollege Sebastian Hoffmann wollen mit wissenschaftlichen Analysemethoden kriminellen Autofälschern auf die Spur kommen.

Getrickst, dass sich die Rahmenträger biegen, wird nicht erst seit gestern – vor allem im Segment der Hochpreis-Klassiker.

FOTOS: G.V. STERNENFELS (8), PRIVAT (4)

Der mobile Röntgenapparat brummt vernehmlich. Weil Metall durchleuchtet wird, kann der Einsatz auch ma

KEIN ZUTRITT KONTROLLBEREICH   VORSICHT STRAHLUNG   KEIN ZUTRITT

...e halbe Stunde dauern. So lange ist der Bereich rund ums Fahrzeug Sperrzone!

Fabian Ebrecht (l.) und Sebastian Hoffmann verlassen sich nicht nur auf Messergebnisse. Lesen, Vergleichen, Diskutieren und Nachfragen gehören zur Vorbereitung

Für die Analyse wird der Bugatti kaum zerlegt. Nur die Sitzbank muss raus

Aber: Ein Auto nachzubauen ist noch kein Verbrechen. Fabrikneue Bugatti der argentinischen Firma Pur Sang etwa sind schon am Kühler-Emblem eindeutig zu erkennen – das vom Kunden aber meist als Erstes ausgetauscht wird. Auch das ist nicht illegal. Ein Bugatti, Jahrgang 2017, müsste zur Zulassung allerdings 2017er-Vorschriften erfüllen.

Die Lösung: Aus Neu mach Alt! „Der Fehler im System ist, dass es legal ist, Fahrzeugidentitäten zu verkaufen. Ich würde das sofort verbieten!", sagt Sebastian Hoffmann. Nicht nur Vorkriegs-Rennwagen seien betroffen, auch VW Käfer, Samba-Busse oder Mercedes 300 SL. Oft wird das eigentlich neu gebaute Auto mit tatsächlich alten Teilen garniert, und schon gaukelt es vor, historisch zu sein.

Bis hierhin klingt die Sache leicht durchschaubar. Doch das Thema ist vielschichtig und kompliziert – vor allem, wenn Restaurierungsarbeiten nur unzureichend dokumentiert sind und Vorsatz vermutet werden muss. Hier setzt die Forensik an, indem sie Indizien über die Originalität (und damit die Identität) eines Fahrzeugs liefert. So unterscheiden sich die in den 1920er-Jahren eingesetzten Metalle zum Beispiel in der Legierung erheblich von den heutigen. Um die Bestandteile sichtbar zu machen, waren bis dato Laboruntersuchungen nötig, für die dem Fahrzeug Proben entnommen werden mussten.

Um zerstörungsfrei zu gleichwertigen Ergebnissen zu kommen, arbeitet FSP mit der Firma mtl Werkstoffprüfung zusammen. Mitarbeiter Christian Schulze erklärt: „Die Röntgenfluoreszenzanalyse misst das sogenannte Bremsspektrum der einzelnen Elemente mittels Röntgenstrahlen – ähnlich wie ein Prisma, durch das man das Lichtspek-

Genau betrachtet: Ist der Fälscher zu blöd, Schlagzahlen in der richtigen Form zu verwenden, frohlockt der Typograf. Allerdings sagt das Schlagbild allein noch nichts über die Originalität aus!

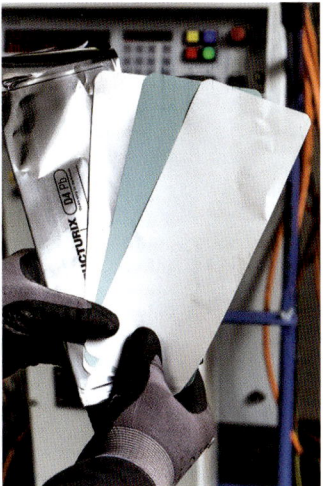

Der Röntgenfilm ist vakuumverpackt und kostet etwa 1 Euro

Weil beim Bugatti der Motor zu den identitätsgebenden Teilen gehört, wird der Aluträger mit der Nummer ...

Nach mehreren Versuchen liegen Bilder mit unterschiedlichem Kontrast vor. Gut: Die Porenverteilung im Metall sieht homogen aus

... durchleuchtet. Hierzu wird der Film einfach aufgelegt, die Strahlen kommen von unten

SPEKTRALANALYSE

Ähnlich wie beim Schweißen, erzeugt der Apparat einen Lichtbogen. Dabei verdampft Material, die Zusammensetzung wird analysiert

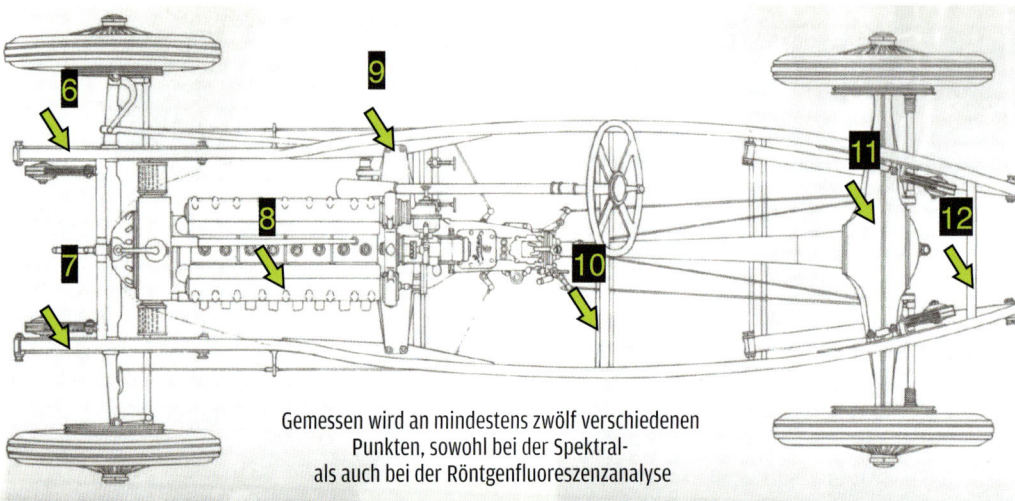

Gemessen wird an mindestens zwölf verschiedenen Punkten, sowohl bei der Spektral- als auch bei der Röntgenfluoreszenzanalyse

Auf Lack funktionieren die Verfahren natürlich nicht. Deshalb wird eine möglichst kleine Stelle blank geschliffen

Ein Schaden entsteht nicht, nur ein oberflächlicher Punkt bleibt sichtbar. Die Messung rechts war übrigens nicht erfolgreich

Methode: Fe-10
Kommentar: Niedrig legierter Stahl; Funken
Mittelwert (n=1)

Werk-Nr.: Bugatti   Fabrik-Nr.: Typ 37 P.R.
Kennwort: Teile: Bremsstrommel v. I

	C %	Si %	Mn %	Cr %	Mo %	Ni %
$\bar{x}$	0.262	0.148	0.86	0.012	<0.003	0.032

	Cu %	Nb %	Ti %	V %	W %	Pb %
$\bar{x}$	0.068	<0.005	0.001	<0.002	<0.040	<0.01(

Wichtig ist, dass der Messkopf gerade auf dem Werkstück aufgesetzt wird: Das Gerät meldet einen Fehler, wenn Luft dazwischenkommt

Der Kohlenstoffgehalt des Metalls lässt eine erste Aussage zu, doch Spurenelemente und andere Ergebnisse sind im Detail ebenfalls relevant

RÖNTGENFLUORESZENZANALYSE

Mit Röntgenstrahlen behandelt, gibt das zu untersuchende Metall ein Spektrum seiner elementaren Zusammensetzung ab. Der Kohlenstoffgehalt lässt sich so allerdings nicht messen

MAGNETO-OPTISCHE UNTERSUCHUNG

Der Forensik letzter Schrei: Ein aufgebrachtes Magnetfeld wird durch Veränderungen im Gefüge abgelenkt und macht diese sichtbar. Die 9 war mal eine 6, die 5 eine 4

trum sehen kann. Bei der Spektralanalyse werden mithilfe eines Lichtbogens unter sauberer Luft verschiedene Elemente verdampft und gemessen. Die Sachverständigen achten hierbei besonders auf den Kohlenstoffanteil im Stahl, der einen Rückschluss auf das Alter zulässt."

Doch die Formel „viel Kohlenstoff = alt" funktioniert nur bedingt und nicht bei allen Stählen. „Bei einem Alfa haben wir mal festgestellt, dass der Rahmen zwar alt ist, aber von einem anderen Typ stammt", erinnert sich Fabian Ebrecht. Die Ergebnisse müssten darüber hinaus neutral bewertet werden, schließlich könne sich auch ein als Referenz herangezogenes Fahrzeug als nicht original herausstellen.

Diplomrestauratorin Gundula Tutt verweist noch auf ein elementares Problem: „Um eine verlässliche Datengrundlage und Vergleichswerte

zu haben, bräuchte es noch viel mehr wissenschaftliche Basisforschung. Bei der Interpretation ist deshalb Vorsicht geboten: Blut am Tatort heißt ja noch nicht, dass man es mit einem Mord zu tun hat."

Am Ende zählt daher auch die fachkundige Einordnung. Der Röntgenapparat etwa kann noch zusätzlich Veränderungen im Materialgefüge sichtbar machen, die von außen womöglich gut kaschiert wurden – etwa Schweißungen, wo keine hingehören.

Eine gut dokumentierte Historie muss übrigens auch nicht per se als vertrauenswürdig gelten. Sebastian Hoffmann erinnert sich an einen Bugatti Typ 35 mit zwei kompletten Aktenordnern zur Historie. „Alle möglichen Leute haben da Echtheiten bescheinigt. Das war komplett gefälscht! Alles! Unglaublich!"

In wenigen Jahren wollen Hoffmann und Ebrecht genug Daten und Erfahrun-

gen gesammelt haben, um Fälschungen zielsicher entlarven zu können. „Wir versuchen, mit diesen Themen möglichst wissenschaftlich umzugehen. Aber wir stehen noch am Anfang. Das ist eben das Spiel mit den Fälschern: Wer weiß in dieser Sekunde gerade mehr?"

FAZIT

Vor Gericht haben sich die forensischen Methoden bislang nicht behaupten müssen. Positiv ist, dass FSP sich in seinen Gutachten eindeutig festlegen will. Aber: Je ausgefeilter die Analysen, desto raffinierter die Fälscher. Am Ende zählt daher die objektive Bewertung aller Indizien – und erneut der Einzelfall.

SÄUREPRÜFUNG

Dieser Metallblock zeigt augenscheinlich eine homogene Oberfläche. Wird eine niedrig konzentrierte Säure aufgetragen…

… ist aber eine Schweißnaht erkennbar. Auch ausgeschliffene Nummern lassen sich so entlarven, doch das System gilt als veraltet

FESTIGKEITSPRÜFUNG

Vom Kohlenstoffgehalt hängt ab, wie fest eine Stahllegierung ist. Das Messgerät hat eine Diamantspitze, die auf das Metall gepresst wird. Gemessen wird, wie sehr sie eingedrückt wird. Das Ergebnis ist ein Härtewert in Vickers

So kommen Klassiker gut

Der Anhänger ist nicht immer die günstigste, aber oft die zweckmäßigste Transportmöglichkeit für Autos, die nicht auf eigener Achse überführt werden können

■ Wie bringe ich meinen Scheunenfund von Braunschweig nach Berlin? Speditionstransport? Kostet knapp 300 Euro für 250 Kilometer. Und vor Ort sein muss ich trotzdem, um den Wagen nicht blind zu kaufen. Mit der Bahn hinfahren und mit Kurzzeitkennzeichen auf eigener Achse zurück? Oft zu riskant – wer weiß, wie alt Reifen und Bremsflüssigkeit sind.

Bleibt der Transport auf dem Anhänger. Der ist zwar zeitaufwendiger, weil ich 500 statt 250 Kilometer mit 80 durch die Republik zuckel. Aber dafür günstig, denn zu den Spritkosten kommt nur die Miete für den Trailer dazu, pro Tag zwischen 50 und 100 Euro.

Ein geschlossener Anhänger bietet einem Oldtimer optimalen Schutz vor Wasser und Salz, ist aber in Miete oder Anschaffung deutlich teurer. Da die Spielregeln, um die es hier gehen soll, für alle Anhänger gelten, zeigen wir beispielhaft einen offenen Trailer.

Zunächst sind zwei grundsätzliche Dinge zu beachten:

• Darf mein Zugfahrzeug überhaupt einen beladenen Auto-Anhänger ziehen? Leere Auto-Trailer wiegen je nach Bauart zwischen 500 und 1000 Kilo. Plus Auto, das zu transportieren ist – da kommt dann schnell ein Gewicht zusammen, das das Zugvermögen eines normalen Pkw übersteigt. Die zulässige Anhängelast steht im Fahrzeugschein.

• Reicht mein Führerschein? Für Anhängerfahrten mit Klasse B sind Einschränkungen zu beachten (s. Kasten Seite 64).

Sind diese Fragen geklärt, beginnt die Suche nach einem geeigneten Anhänger. Wichtig ist der Blick auf den Abstand zwischen den Fahrbahnelementen des Anhängers. Ist diese Lücke zu groß, können Autos mit schmaler Spur nicht richtig gesichert werden und im schlimmsten Fall herunterrutschen (siehe Seite 64 unten).

Schließlich muss das Auto auf dem Trailer verzurrt werden. Dafür gibt es unterschiedliche Gurtsysteme, die jeweils für be-

Praktisch: Anhänger mit Kippsystem

FOTOS: C. BITTMANN

Den Trailer vor dem Befahren von Hand kippen, vorher die Rampen herausziehen. Langsam und vorsichtig auffahren. Die Plattform kippt in

heim

Vorschriftsmäßig gesichert: Unser kleiner Mercedes ist mit drei Dreipunktgurten ausreichend verzurrt

stimmte Einsatzzwecke geeignet sind. Nicht immer kann optimal mit Dreipunktgurten und Radvorlegern gesichert werden, beispielsweise weil keine gelochten Fahrbahnelemente vorhanden sind. Einen Überblick über gängige Systeme und ihre Anwendung zeigen wir rechts.

Wenn Sie unsere Empfehlungen beachten, steht der sicheren Heimfahrt mit dem neuen Schätzchen nichts mehr im Wege. AUTO BILD KLASSIK wünscht gute Fahrt!

Bevor die Fahrt beginnt …

Zunächst die Stützlast an der Deichsel überprüfen. Bei Hängern mit selbsttätigem Kippmechanismus ist das häufig nicht nötig, weil die Plattform beim langsamen Auffahren in dem Moment kippt, in dem die optimale Stützlast erreicht ist. Das Auto auf dem Anhänger mit Gurten vorschriftsmäßig sichern (s. Seite 65). Auffahrrampen einschieben (1) und verriegeln (2). Kippvorrichtung verriegeln (3). Und schließlich die üblichen Handgriffe, die bei jeder Fahrt mit Anhänger zu beachten sind: Kupplung einrasten lassen, Bremse lösen, Kabel einstecken, Notbremsseil über Zughaken legen, Stützrad hochkurbeln (4).

dem Moment in die Waagerechte, in dem die optimale Stützlast erreicht ist. In dieser Position das Auto mit Gurten sichern

FAZIT

Der richtige Umgang mit einem Anhänger überfordert manchen Laien. Häufig wird die Ladung falsch oder unzureichend gesichert – Risiko! Übrigens müssen Autos mit Heckmotor stets rückwärts transportiert werden, sonst erhält die Deichsel zu wenig Stützlast.

Bei Oldtimern kann die geringe Spurweite zum Problem werden, wenn – wie hier – der Anhänger keine durchgehende Plattform hat. Die roten Radvorleger sind dann wirkungslos (rechts)

Auf diese Vorschriften müssen Sie achten

1. Sicherung der Ladung

Wir empfehlen zur Sicherung Dreipunktgurte und Radvorleger an mindestens zwei diagonal gegenüberliegenden Rädern. Ist nicht genug Platz für einen Radvorleger, muss ein weiteres Rad niedergezurrt werden. Alternativ sind auch Ein- und Zweipunktgurtsysteme verwendbar. Dann sollten alle vier Räder gesichert werden. Die Ladungssicherung beim Autotransport wird in der Richtlinie VDI 2700 behandelt. Das Wichtigste aus der Richtlinie findet sich im Buch „Ladungssicherung – Leitfaden für die Praxis" (Hendrisch Verlag, 8. Auflage, ISBN 9783938255308, 18,50 Euro).

2. Führerscheinregeln

Besitzer des alten Führerscheins Klasse 3 dürfen Fahrzeuge bis 7,5 Tonnen grundsätzlich auch mit Anhänger fahren. Komplizierter ist es bei den aktuellen EU-Führerscheinen: Mit Klasse B dürfen Anhänger bis 750 kg oder Anhänger mit einem geringeren zulässigen Gesamtgewicht als das Leergewicht des Zugfahrzeugs gefahren werden. Dabei darf das Gespann insgesamt nicht mehr als 3500 Kilo wiegen. Das ist mit einem Auto-Trailer in der Regel nicht zu erreichen. Die Zusatzqualifikation Klasse BE ist also nötig.

3. Verkehrsregeln

Als Lkw zugelassene Zugfahrzeuge dürfen sonntags nicht mit Anhänger fahren, Pkw wohl. Lkw-Überholverbote auf Autobahnen gelten oft auch für Gespanne. Die Anforderungen für Tempo 100 sind mit Auto-Transportanhängern kaum zu erfüllen. Für Tempo 100 muss das Leergewicht des Zugfahrzeugs, mit 1,1 multipliziert, größer sein als das zulässige Gesamtgewicht des Anhängers. Das erreichen nur Leicht-Lkw und schwere SUV.

Optimal verzurrt: Der Dreipunktgurt verläuft dicht am Reifen, dadurch entsteht kein Zug nach vorn oder hinten. Die roten Radvorleger bieten zusätzlichen Halt (links)

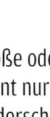 Foto oben: Falsche Anwendung des Dreipunktgurtsystems: Hier wurden zuerst die Radvorleger eingeklinkt und erst danach der Gurt gespannt – das Auto kann so vor- und zurückrollen

Welches Gurtsystem wofür?

Zweipunktzurrsystem mit zusätzlicher Öse für besonders große oder breite Reifen (1). Einpunktgurtsystem ohne Metallösen. Spannt nur in eine Richtung (2). „Sensitiv"-Gurtsystem mit einhakbarer Lederschlaufe und Einpunktverzurrung für Aluräder mit großen Speichenzwischenräumen (3). Dreipunktzurrgurt mit variablem Gurtcontroller (rutschsichere Gummihülle, in der der Gurt beim Verzurren über das Rad gleitet (4). Dieses System bietet in Verbindung mit Radvorlegern optimalen Halt.

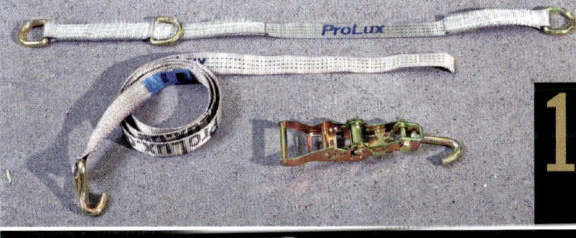

1

2

3

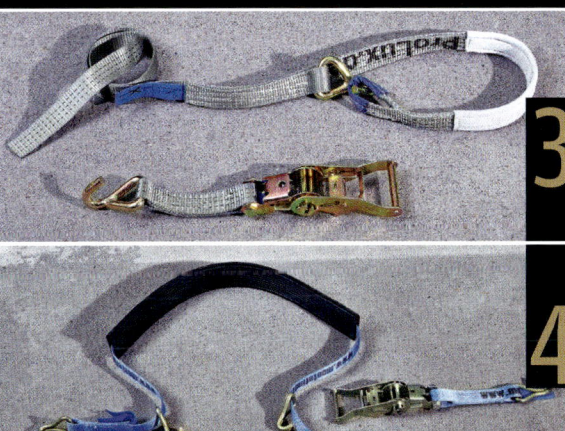

4

So sichern Sie Ihr Schätzchen oder auch nicht …

Abschleppösen sind zur Sicherung ungeeignet. Gefederte Massen schaukeln während der Fahrt auf

Korrekte Sicherung mit Zweipunktgurt. Achtung: Schräge Zurrgurte können Autoteile berühren

Falsch eingehängt: Der Haken kann so während der Fahrt das Rad drehen – der Gurt entspannt sich

Einpunktgurt richtig eingehängt: In gerader Linie von der Radnabe ist das Rad gesichert

Für Anhänger mit Lochplattform: Der Dreipunktgurt wird vorn und hinten eingehakt und mit zusätzlichen Führungshaken niedergehalten. Funktioniert auch bei sehr engen Radkästen

Falsch: Auch hier kann der falsch angebrachte Gurt das Rad drehen, sodass sich der Gurt lockert

Richtig: Die Spannrichtung des Gurts verläuft in gerader Linie und möglichst dicht an der Radnabe

Einpunktgurt mit Lederschlaufe für Aluräder. Die Schlaufe muss durch die Speiche gezogen werden, die der Spannratsche am nächsten ist

3. Fahren

So gibt's günstige Oldtimernummern

Old- und Youngtimerfahrer haben die Wahl aus drei Kennzeichentypen: Welche Klassikernummer kann was, welche Zulassung ist die richtige?

███ Das Kennzeichen, wie wir es kennen, gibt es seit über sechs Jahrzehnten: Zum 1. Juli 1958 lief die Übergangsfrist für die Verwendung der alten schwarzen Alliierten-Kennzeichen aus und machte einer einheitlichen Regelung der neuen, souverän gewordenen Bundesrepublik Deutschland Platz. Künftig mussten Kraftfahrzeuge neue Kennzeichen mit schwarzer Schrift auf weißem Grund tragen. Dabei blieb es erst einmal für rund 40 Jahre. Erst seit dem Jahr 2000 sind Eurokennzeichen mit der blauen Europaflagge Pflicht.

Für Old- und Youngtimer-Besitzer fand die eigentliche umwälzende Neuerung 1994 mit der Einführung der roten 07-Nummer sowie des Saison- und H-Kennzeichens in den Jahren 1995 und 1997 statt. Das 07-Kennzeichen ermöglicht seitdem Haltern den Betrieb mehrerer Fahrzeuge mit einem Wechselkennzeichen. Das H-Kennzeichen erlaubt den Einsatz eines mindestens 30 Jahre alten, gut erhaltenen Autos zum Pauschal-Steuersatz (wie beim 07-Kennzeichen) 191,73 Euro im Jahr. Das H-Saisonkennzeichen lässt einen frei wählbaren Zulassungszeitraum von mindestens zwei bis maximal zehn Monaten offen. Diese drei Typen komplettieren neben dem herkömmlichen, fahrzeuggebundenen Kennzeichen sowie dem Kurzzeit- und Exportkennzeichen mit zeitlicher Beschränkung die Möglichkeiten der Zulassung.

Es ist amtlich:
Die richtige Nummer
spart Geld

FOTOS: H.-J. MAU; D. RODATZ; H. SCHAPER; F. STANGE; R. TIMM

Welche Oldtimernummer bringt wirklich weiter? Alltagsfahrer werden nur mit dem H-Kennzeichen glücklich

H heißt historisch - und gepflegt: Auch der Zustand entscheidet

H-Kennzeichen

Ein H-Kennzeichen erhält ein Fahrzeug, das vor mindestens 30 Jahren im In- oder Ausland zugelassen wurde. Entscheidend ist der Tag der Erstzulassung. Autos mit H-Kennzeichen dienen ganz offiziell der „Pflege und Darstellung kraftfahrzeugtechnischen Kulturguts". Um die Schlüsselnummer 98 zu erhalten, muss sich das rollende Denkmal in gutem Original- oder restauriertem Zustand befinden, welcher der Note 3 entspricht (Untersuchung laut § 23 StVZO, vor März 2007 § 21 c). Umbauten sind erlaubt, wenn sie zeitgenössisch

sind und vor mindestens 20 Jahren erfolgten. Modifizierte Fahrzeuge wie zum Beispiel Hot Rods oder zu Wohnmobilen umfunktionierte Lastwagen erhalten nur dann ein H-Kennzeichen, wenn auch dieser Umbau 20 Jahre zurückliegt.

Zur Einstufung eines Fahrzeugs als Oldtimer ist ein Gutachten eines amtlich anerkannten Sachverständigen, Prüfers oder Prüfingenieurs erforderlich. Durften bisher nur TÜV und DEKRA Gutachten erstellen, kann die Prüforganisation nun frei gewählt werden. Es können also auch GTÜ oder KÜS eine Untersuchung vornehmen.

Für Fahrzeuge mit H-Kenn-

zeichen gibt es keine Nutzungseinschränkungen wie im Falle des 07er-Kennzeichens. Eine Zweitwagenpflicht gibt es nicht, allerdings fordern die Versicherungen fast immer ein Alltagsauto (s. Oldtimerversicherungen ab Seite 90) Mittlerweile dürfen Autos mit H-Kennzeichen auch gewerblich genutzt werden. Die Kfz-Steuer kostet 191,73 Euro im Jahr (Motorrad 46,02 Euro), Halter hubraumstarker Autos sparen im Vergleich zur normalen Zulassung also richtig viel Geld.

Trotzdem macht ein H-Kennzeichen, sofern ein Steuerspareffekt erzielt werden soll, nicht bei allen

historischen Fahrzeugen Sinn. Bei nicht schadstoffarmen Autos liegt der Steuersatz bei 25,36 Euro pro 100 cm³ (Benziner) bzw. 37,58 Euro pro 100 cm³ (Diesel) und 1,84 Euro pro 25 cm³ (Motorrad). Vorteil: Besitzer eines alten Fiat 500 mit 0,5-Liter-Motor fahren demnach bei einer Kfz-Steuer von 126,80 Euro mit einer normalen Zulassung billiger. Nachteil: Der Cinquecento darf nicht in die Umweltzone einfahren, während Autos mit H-Kennzeichen oder 07-Nummer von Fahrverboten ausgenommen sind. Bürokratie und Logik gehen hier nicht zusammen.

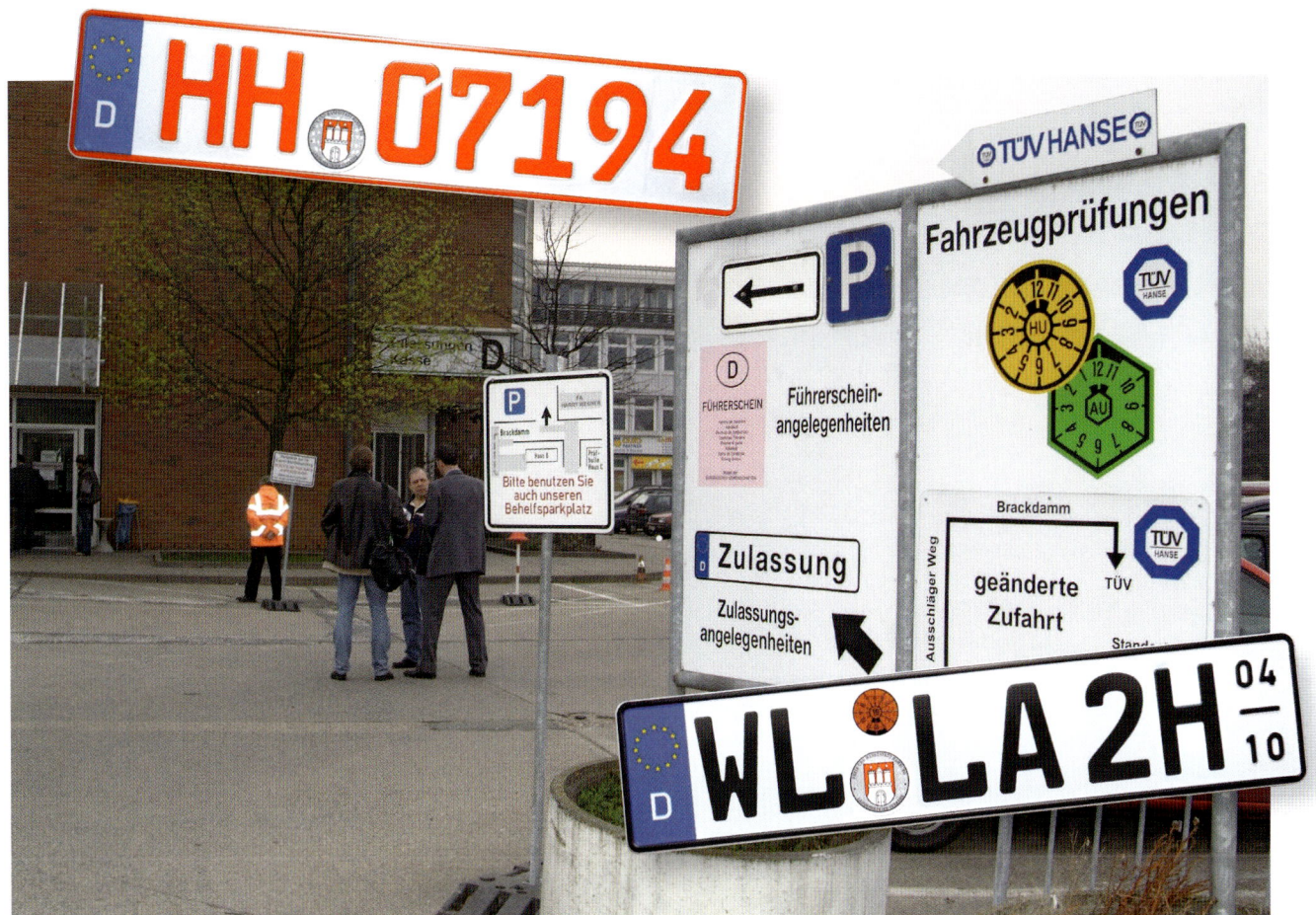

Nicht jede Zulassungsstelle mag Oldies. Immer ratsam: vorher informieren, sachlich argumentieren

H mit Saison

Lange hieß es, H-Kennzeichen mit Saisonbeschränkung seien nicht möglich. Seit Oktober 2017 ist das anders: H und Saison gibt es nun auch als Kombi. Die Grundregeln sind dabei gleich. Das heißt, der Zulassungszeitraum liegt zwischen zwei und zehn Monaten, es sind nur volle Monate wählbar. Die Fristen für die Hauptuntersuchung sind identisch mit einer normalen Zulassung. Wichtig zu wissen ist, dass ein Fahrzeug außerhalb der auf dem Kennzeichen vermerkten Frist als abgemeldet gilt – abstellen auf öffentlichem Verkehrsraum ist damit nicht zulässig. Oft machen inzwischen auch Garagen- und Stellplatzvermieter Ärger. Als Konter kann die Information helfen, dass in dieser Phase dennoch eine Ruheversicherung besteht, die alle Haftpflichtrisiken abdeckt, die von einem stehenden Fahrzeug ausgehen können.

07-Nummer

Ein rotes 07-Kennzeichen erhält der Halter, nicht ein bestimmtes Fahrzeug. Es handelt sich bei der 07er-Nummer um ein Wechselkennzeichen, mit dem mehrere Fahrzeuge, auch Fahrräder mit Hilfsmotor oder Lastwagen, abwechselnd gefahren werden können. Dabei gelten Einschränkungen: Erlaubt sind nur Fahrten bei Oldtimerveranstaltungen (inkl. An- und Abreise), Prüfungs-, Probe- und Überführungsfahrten – und alles muss in ein Fahrtenbuch eingetragen werden. Wie beim H-Kennzeichen muss das Fahrzeug bei einer Neuanmeldung 30 Jahre alt sein. Besitzer jüngerer Autos,

die bis zum Stichtag 28. Februar 2007 unter einer 07-Nummer angemeldet wurden, genießen Bestandsschutz. Verwirrung herrscht bei Halterwechsel oder Umzug, die Zulassungsstellen der Bundesländer verfügen noch nicht über eine einheitliche Regelung.

Wie beim H-Kennzeichen muss der Oldtimerstatus per Gutachten belegt werden, die Vorlage einer HU-Bescheinigung bei Anmeldung ist obligatorisch, es besteht aber keine regelmäßige HU- oder AU-Pflicht. Um eine 07-Nummer zu bekommen, muss der Halter ein polizeiliches Führungszeugnis und eine Liste der Fahrzeuge vorlegen. Kfz-Steuer: 191,73 Euro im Jahr, unabhängig von der Anzahl der gemeldeten Fahrzeuge.

Im Gegensatz zu Fahrzeugen mit H-Kennzeichen dürfen Autos mit 07-Kennzeichen außerhalb der

zulässigen Fahrten nicht am Straßenverkehr teilnehmen, müssen in der Garage oder auf dem Hof geparkt sein, sonst droht der Entzug des 07-Kennzeichens. Vorteil: Ein Fahrverbot für Umweltzonen besteht nicht. Nachteil: Die Nutzung des 07-Kennzeichens im europäischen Ausland ist nicht in allen Ländern erlaubt. Die Anzahl der einzutragenden Fahrzeuge ist nicht in allen Zulassungsbereichen gleich, Bundesländer und Kreise können unterschiedliche Auflagen machen.

FAZIT

Das H-Kennzeichen gilt als eine der vorbildlichsten Regelungen für Oldtimerzulassungen in Europa. Es ist allerdings, ebenso wie die 07-Nummer, an strenge Vorgaben gebunden: Bei Missbrauch droht Entzug.

So hält ein altes Auto ewig

Alles altert, klar. Doch wer Rücksicht auf die Schwachstellen seines Autos nimmt, hat beste Chancen auf viel Fahrspaß über Jahre. Der bewusste Umgang mit dem Klassiker kostet oft nichts – kann aber eine Menge Geld sparen. Hier finden Sie 40 bewährte Praxistipps.

■ Schon das Wort klingt unerbittlich: Reparaturstau. Da geht etwas nicht mehr voran. Wenn im Hier und Jetzt eine Menge kleiner Schäden den Spaß am Klassiker blockt, dann ist es oft schon zu spät.

Also lieber rechtzeitig Probleme angehen. Das vermeidet teure Folgeschäden. Defekte Stoßdämpfer sind nicht nur ein Sicherheitsrisiko, sondern kosten Reifen und strapazieren die Radaufhängung. Eine falsch eingestellte Zündung kann zum kapitalen Motorschaden führen. Beispiele gibt es zuhauf.

Sie sind Wenigfahrer? Da gilt das besonders. Nur wer am Ball bleibt, hat Spaß – nicht selten klagen Oldtimerbesitzer über Standschäden an ihren Autos. Diese zu beseitigen, kann teurer sein (und ist meist unbefriedigender) als die Schäden, die im laufenden Betrieb durch Verschleiß auftreten.

Selbst feste Burgen wie ein Mercedes W 123 oder ein Käfer wollen ihre Wartung. Alte Autos fordern dabei eher mehr als neue. Selbst wenn wir gern glauben, Oldtimer seien die robusteren Autos – zumindest einige unter ihnen. Sie können zuverlässig sein. Aber sie sind es nur, wenn ihre Technik tatsächlich bis in alle Details in Ordnung ist.

Früher gab es eine Faustregel: Ein Kaltstart kostet 10 000 Kilometer Laufleistung. Das stimmt so natürlich nicht, doch viel Kurzstreckenverkehr mit untertemperiertem Kühlmittel und zähem Öl tut keinem Antrieb richtig gut. Sollten wir also unsere Motoren ununterbrochen laufen lassen?

Das geht nicht, und es würde auch nicht helfen. Schließlich gehen ja Bauteile wie eine Zylinderkopfdichtung auch durch Beanspruchung im Betrieb kaputt. Es kommt sehr darauf an, wie der Fahrer mit seinem Oldtimer umgeht. Alltagsnutzung strapaziert jedes Auto, Klassiker trifft sie besonders.

Was bleibt als Rat, um einen Klassiker möglichst lange auf der Straße zu halten? Der Mittelweg vielleicht: weder Stillstand noch allzu viele Kilometer. Und sich das Hobby nicht schönrechnen, schließlich kostet jeder Unterhalt Geld. Dafür gibt es allerdings eine starke Dividende: echten, unverfälschten Fahrspaß.

ALLTAG

1 Fahrzeug-Check
Untersuchen Sie regelmäßig Ihr Auto, auch von unten - mindestens einmal im Jahr. Die Prüfpunkte finden Sie in der Bedienungsanleitung oder in Reparaturhandbüchern. Fehlt Ihnen die nötige Erfahrung? Dann fragen Sie einen Fachmann, ob Sie ihm über die Schulter schauen dürfen. Je mehr Sie von Ihrem Auto wissen, desto besser.

2 Fahrstrecke
Kurzstrecken sind für die Technik sehr strapaziös. Nach jedem Kaltstart braucht das Öl etwas Zeit, um alle Schmierstellen zu erreichen.

3 Warm fahren
Fahren Sie das Motoröl geduldig warm, bevor Sie den Motor hochdrehen. Je nach Ölmenge und Außentemperatur kann das bis zu 20 Kilometer dauern.

4 Parken
Meiden Sie enge Parkplätze, wo andere durch Türenaufreißen Ihren Lack beschädigen könnten. Parken Sie lieber etwas weiter weg, dafür mit mehr Platz.

5 Schlaglöcher
Da hilft nur eines: Fahren Sie langsam. Ein tiefes Schlagloch genügt bereits, um die Achsgeometrie aus dem Lot zu bringen.

KAROSSERIE

6 Chrom
Erst geht der Glanz, dann kommt der Rost. Ihr teures Chrom schützen Sie am besten mit einer speziellen Pflegepaste.

7 Feuchtigkeit
Oft sind alte Autos nicht dicht. Das Wasser sammelt sich unter den Fußmatten. Regelmäßige Kontrollen sind wichtig.

8 Glas
Gegen Steinschlag können Sie sich nicht wappnen, aber gegen Eiskratzer mit Metallklingen oder Haushaltsreiniger, der die teuren Scheibengummis angreift.

9 Gummi
Hier hilft als Pflege ein Glyzerinstift, der die Gummis geschmeidig hält. Hilfreich ist auch der Schutz vor Sonnenlicht.

10 Hohlraumschutz
Rost ist der schlimmste Feind Ihres Autos. Doch ein guter Hohlraumschutz - ideal ist ein spezielles Fett, siehe Heft 12/2011 - verzögert den Blechverfall stark. Steht Ihr Klassiker über längere Zeit? Das sollte er nur an einem Ort, an dem die Luft gut zirkulieren kann.

11 Innenkotflügel
Ältere Modelle haben womöglich noch keine. Wenn Sie viel mit Ihrem Klassiker fahren, kann eine Nachrüstung Sinn ergeben (www.lokari.eu). Innenkotflügel verhindern, dass sich Schmutz in der Karosserie festsetzen kann. Sie sind ein idealer Rostschutz - wenn Sie die Kontrolle dahinter nicht vergessen.

12 Kunststoff

Kunststoffe mögen keine Sonne. Spezielle Pflegeprodukte können Verspröden und Ausbleichen verzögern – Vorsicht jedoch vor Flecken.

13 Lack

Verlieren Sie keine Zeit, wenn sich Vögel oder Insekten auf dem Lack verewigt haben. Waschen Sie ihn mit viel Wasser, achten Sie auf die Qualität der Waschanlage – oder die Ihres Schwamms. Schützen Sie sauberen Lack mit Wachs. Zu oft polieren sollten Sie nicht – das kostet Substanz.

14 Schiebedach

Wichtig ist nicht, ob es sich öffnen lässt, sondern ob alle Wasserabläufe funktionieren – sonst führt die Feuchtigkeit in den Tiefen der Karosserie zu Rost. Empfehlenswert ist es, die Mechanik hin und wieder zu reinigen und zu schmieren.

15 Schlösser

Gönnen Sie den Schlössern ab und zu etwas Grafit oder Waffenöl. Drehen Sie Schlüssel nie mit Gewalt.

16 Schmutz

Kekskrümel sind nervig, sie machen aber nichts kaputt. Viel heikler ist der Schmutz, den wir mit unseren Fingern an Schaltern und Hebeln hinterlassen. Er greift Material und Beschriftung an. Reinigen Sie nur mit sanften Mitteln.

17 Sitzbezüge

Gehen die Originale kaputt, ist Ersatz oft teuer, wenn überhaupt zu bekommen. Fahren Sie viel, haben Sie Kinder an Bord? Dann sind Schonüberzüge sinnvoll.

18 Unterboden

Es ist gut zu wissen, wie es um ihn steht – siehe Punkt 1. Rostschäden sollten Sie rasch beseitigen lassen. Auf einem gesunden Unterboden genügt ein zäher Chassislack und ein transparentes Schutzwachs – so ist jeder Schaden schnell erkennbar. Gefährlich sind dicke Bitumen-Anstriche: Sie verbergen lange den blühenden Rost.

19 Verdeck

Raue Waschanlagenbürsten strapazieren das Verdeck, ebenso das Öffnen und Schließen bei kalten Temperaturen. Vogelkot und viel Sonne gilt es zu meiden.

Werfen Sie ab und zu einen Blick in die Tiefen des Verdeckkastens. Hier findet sich oft Rost.

MOTOR UND ANTRIEB

20 Abgasanlage

Auch sie ist oft ein Opfer der Kurzstrecke: Da bildet sich Kondenswasser im Auspuff, Rost ist die Folge. Wirklich dauerhaft ist allerdings nur eine Anlage aus Edelstahl.

21 Antriebswellen

Besonders Fahrzeuge mit Vorderradantrieb sind gefährdet. Bei großem Lenkeinschlag sollten Sie möglichst sanft anfahren.

22 Automatik

Bremsen Sie keinesfalls den noch rollenden Wagen beim Parken ab, indem Sie den Hebel auf „P" schieben.

23 Einspritzanlagen

Fahren ist der beste Schutz vor Schäden. Alte Benzinfilter unbedingt tauschen.

24 Kühlsystem

Sie fahren nur im Sommer? Ein Frostschutzadditiv ist dennoch Pflicht, weil es auch vor Korrosion schützt. Undichte Kühlsysteme sind gefährlich: Hitze killt Motoren.

25 Kupplung

Schleifenlassen kostet Substanz. Also nie den linken Fuß beim Fahren auf dem Pedal lassen. Sanftes Einkuppeln schont.

26 Motorlager

Gut geschmiert halten sie lange. Das werden sie jedoch nicht, wenn das Öl (und der Motor) noch kalt sind. Auch der Öldruck muss stimmen. Hohe Belastung ist ebenfalls nicht gut. Vermeiden Sie grob untertouriges Fahren ebenso wie Drehzahlorgien kurz vor dem roten Bereich.

27 Motor- und andere Öle

Öl im Motor hält etwa ein Jahr. Dann sollten Sie es wechseln, idealerweise samt Filter. Zu viel Öl schadet übrigens ebenso wie zu wenig. Ab und zu sollten Sie auch die Füllmengen von Getriebe und Differenzial prüfen. Und bei Bedarf, siehe Herstellerangaben, auch erneuern.

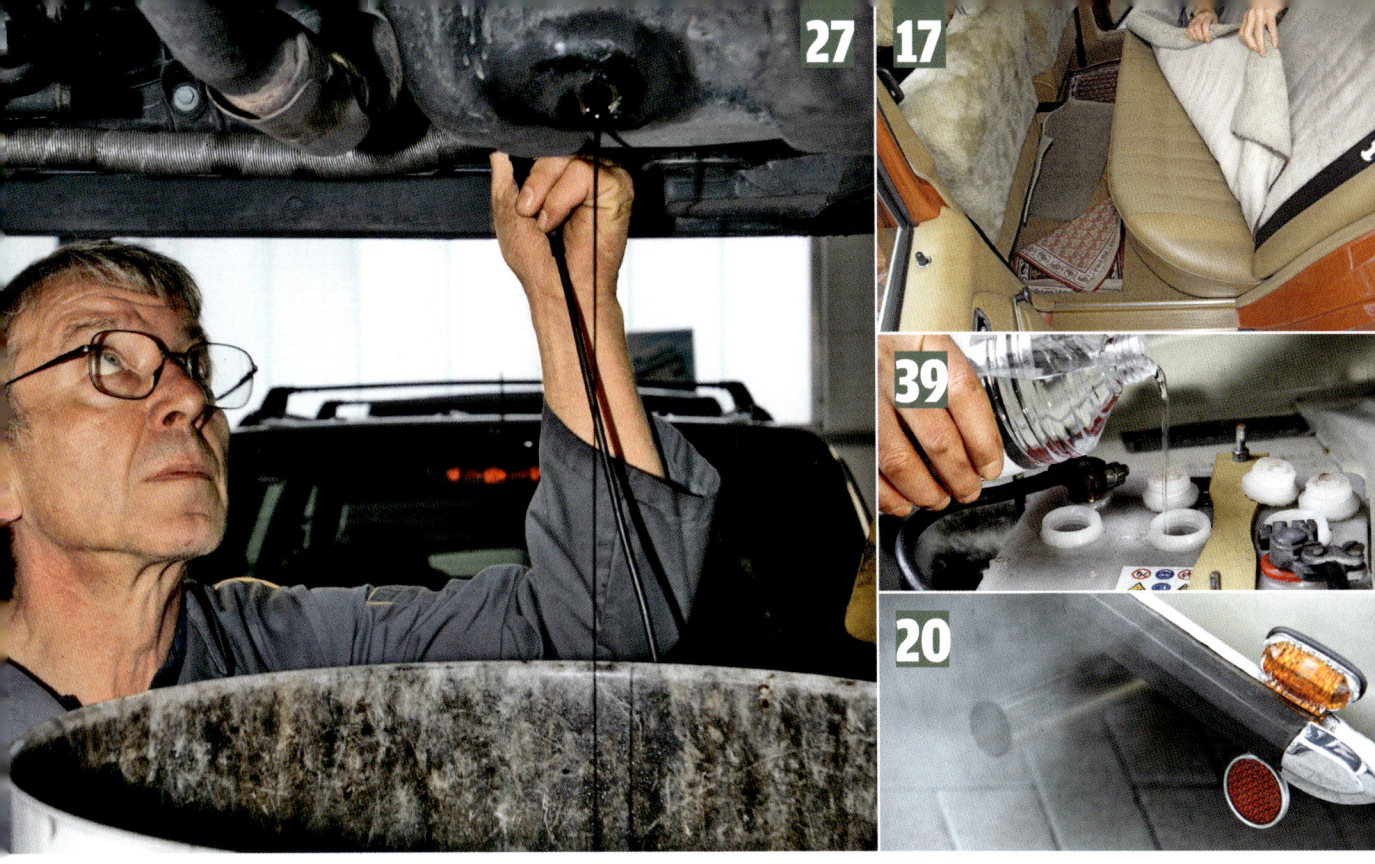

28 Schaltgetriebe

Sportliches Gängereißen kostet Substanz. Besser ist es, den Schalthebel bewusst und ruhig zu führen. Das schont die Zahnräder im Inneren und das Schaltgestänge.

29 Tank

Steht Ihr Auto längere Zeit, sollte der Tank voll sein. Kontrollieren Sie von Zeit zu Zeit den Benzinfilter.

30 Turbolader

Turbo-Klassiker sind frühe Vertreter ihrer Spezies. Also noch nicht so standfest konstruiert wie heute. Um Hitzeschäden zu vermeiden, fahren Sie nach heißer Hatz den Motor samt Lader langsam kühl - und stellen ihn keinesfalls sofort ab.

31 Ventile

Achten Sie auf ein korrektes Ventilspiel. Dabei ist zu geringes Spiel gefährlicher als oft vermutet: Es kann dazu führen, dass das Ventil nicht richtig schließt. Dann kann es die Hitze nicht mehr ableiten, es drohen Verglühen oder Abriss. Vorsicht, kapitaler Motorschaden möglich!

32 Vergaser

Einmal gut eingestellt, hält ein technisch gesunder Vergaser meist sehr lange. Ausgeschlagene Drosselklappenwellen sind jedoch ein häufiger Schaden. Sie müssen neu gelagert werden, sonst ist eine Einstellung nicht möglich.

33 Zahnriemen oder Kette

Beide Systeme verschleißen, bei beiden bedeutet ein Riss oft einen Motorschaden. Hersteller geben ein Wechselintervall vor. Bei Zahnriemen sollten Sie auch auf die Zeit achten: Älter als sechs Jahre sollte kein Zahnriemen sein.

34 Zündung

Alte Zündverteiler haben oft eine Schmiervorrichtung, die von Hand betätigt werden muss. Sonst frisst die Welle. Zündkerzen mit falschem Wärmewert können Motorschäden verursachen.

35 Zylinderkopf

Ist die Zylinderkopfdichtung kaputt, sollten Sie rasch reagieren. Sonst können teure Folgeschäden auftreten, beispielsweise am Zylinderkopf selbst.

FAHRWERK

36 Achslager

Auch hier gilt: Wer rechtzeitig handelt, kann sich teure Folgen sparen. Weniger bei den Lagern, die gehen gern in schneller Folge kaputt. Ausgeschlagene Lager jedoch können zu einem hohen Reifenverschleiß führen - und sind gefährlich, weil sie die Lenkgeometrie negativ beeinflussen.

37 Räder und Reifen

Reifen können auf Klassikern sehr lange halten - was das Profil betrifft. Überalterte Gummis jedoch werden hart, haben einen schlechten Grip, was zu miserabler Haftung bei Nässe und (noch) längeren Bremswegen führt. Unbedingt sollten Sie falsche Achseinstellungen vermeiden, ebenso Unwucht und zu geringen Luftdruck - alles Reifenkiller.

ELEKTRIK

38 Anlasser

Orgeln macht ihn mürbe. Startet Ihr Motor nicht, gönnen Sie dem Anlasser eine Pause. Besser: Beseitigen Sie die Ursache.

39 Batterie

Keine Batterie überlebt eine Tiefentladung ohne Schäden.

40 Steuergeräte

Extreme Vorsicht mit Hochdruckreinigern: Bei einer Motorwäsche sollten Sie nie mit dem harten Wasserstrahl auf elektronische Komponenten zielen. Sicherer ist es, sie vorher mit Folie abzudecken. Ziehen Sie keine Stecker, ohne vorher die Batterie abzuklemmen. Noch besser: Lesen Sie die Herstellerhinweise. Elektronik ist empfindlich - und meist sehr teuer.

FAZIT

Wer nur moderne Autos kennt, sollte wissen: Oldtimer sind deutlich empfindlicher. Einen bewussten Umgang mit ihnen belohnen sie mit längerem Fahrspaß. Besonders wichtig ist, die individuellen Schwächen seines Modells zu kennen.

So riskant ist Wartungsstau

Praxistest: Wie sich ein VW Golf I mit Reparaturstau fährt – und welche Investitionen so ein Garagenfund fordert

1

56,5 METER

Ein Foto, fünf Tests: Die Montage zeigt, wie der Golf nach diversen Reparaturen den Bremstest aus 100 km/h meistert

ALTE REIFEN
ALTES FAHRWERK
ALTE BREMSEN

■ Wer über so eine Verkaufsanzeige stolpert, setzt zum Salto mit Jubel bei der Pirouette an: Golf I LX, Bj. 7/83, 70 PS, orig. 86 tkm, aus erster Rentnerhand, billig. Juhu, ein Schnäppchen! Gerald Schadendorf ist Kfz-Mechaniker und Testfahrer bei AUTO BILD, hat am

Oldtimerstammtisch von solch einem Opa-Golf gehört. Einer der letzten Ur-Gölfe, Sondermodell LX mit Doppelscheinwerfergrill, Vier-Speichenlenkrad, Sitzen mit Tweedbezügen. Der erste Lack leicht ermattet, die Hutablage ohne Boxenlöcher, die Federbeindo-

me rostfrei, die Reserveradmulde wie geleckt. Aber leider ist der Golf schon verkauft, an den Stammtischkumpel. Der zeigt stolz den Brief: Nur eine Eintragung, der Erstbesitzer ist Jahrgang 1929. Schadendorf kann nicht anders – er muss den Opa-

Golf fahren. Vorher noch mal ein prüfender Griff an die Hinterachsaufnahmen. Voller Fett! Die Rostvorsorge hat in diesen Baujahren schon fast Golf-II-Niveau. Aber wie fährt sich der Youngtimer mit Nachrüst-Kat?

ALTE REIFEN • ALTES FAHRWERK • ALTE BREMSEN

1 Beim „Elchtest" mäht Opas Golf sämtliche Pylonen um

Er wird doch wohl nicht … Nein, er macht keinen Abflug. Aber lenkbar ist der Opa-Golf in diesem Zustand auch nicht mehr wirklich. Wir starten unseren ersten Versuch, den Elchtest. Bei 50 km/h setzt AUTO BILD KLASSIK-Tester Gerald Schadendorf zum Spurwechsel nach links an, ungebremst. Nach einer kurzen Geradeausstrecke zieht er den Golf nach rechts. Eigentlich kein Problem. Wohl aber mit unserem Ersthand-Golf im Originalzustand. Die Reifen sind im Konfirmationsalter, am

Fahrwerk hat der Vorbesitzer nie was tauschen lassen, die Bremsen erinnern an die Abwehr von Tasmania Berlin beim Bundesliga-Abstieg 1966 – null Gegenwehr. O weh! Sie ahnen es bereits: Den „Elchtest" können wir dem Opa-Golf nur im Schneckentempo zumuten, er ist fast unlenkbar, im letzten Drittel mäht er dann sämtliche Pylonen um. Im Straßenverkehr hätte das böse enden können. PS: Die Vollbremsung aus 100 km/h wäre wirklich kriminell – 56,5 Meter!

Abgehoben! Dass der Golf bei Lastwechseln ein Hinterbein hebt, ist nicht neu. Dass er unlenkbar ist, liegt an alten Reifen und verbrauchtem Fahrwerk

2	**3**	**4**	**5**
46,6 METER	**46,3 METER**	**43,9 METER**	**43,0 METER**
NEUE REIFEN	**ALTE REIFEN**	**NEUE REIFEN**	**NEUE REIFEN**
ALTES FAHRWERK	**NEUES FAHRWERK**	**NEUES FAHRWERK**	**NEUES FAHRWERK**
ALTE BREMSEN	**NEUE BREMSEN**	**ALTE BREMSEN**	**NEUE BREMSEN**

AUTO BILD-Teststrecke, Straße trocken, Sonne lacht. Schadendorf fährt vorsichtig. Gut so. Denn in einer leichten Kurve wäre die Fahrt beinahe zu Ende gewesen. Eigentlich sind hier 100 km/h drin. Der Golf mag dem Lenkeinschlag schon bei Tempo 70 nicht mehr folgen, die Kurve wird immer enger, der VW will geradeaus weiterfahren. Nur mit viel Mühe kann der AUTO BILD-Tester den Oldie einfangen. „Für ungeübte Fahrer ist so ein Auto ein absolutes Sicherheitsrisiko", sagt Schadendorf. Und hat die Idee zu einem ungewöhnlichen Test: Wie wirken sich Standschäden, mangelnde Wartung und Überalterung ganzer Baugruppen auf die Fahrsicherheit aus?

Die Testrunde fährt Schadendorf noch zu Ende, ermittelt einen Durchschnittsverbrauch von 6,6 Liter Normalbenzin. Dann transportiert er den Youngtimer nur noch per Trailer, sicher ist sicher. Zuerst geht's auf den Bremsenprüfstand. Ergebnis: erschütternd. Anschließend ist die Hebebühne dran. Die gute Nachricht: Alle Teile da, aber in welchem Zustand! Die

NEUE REIFEN • ALTES FAHRWERK • ALTE BREMSEN

2 Lenken und Bremsen klappt besser – neuen Reifen sei Dank

AUTO BILD KLASSIK-Teststrecke auf einem ehemaligen Militärflughafen, der erste Schrecken nach dem desaströsen Test im Urzustand (siehe Kasten links) ist verflogen. Jetzt folgt Versuch Nummer zwei. Viel geändert haben wir an dem 26 Jahre alten Youngtimer noch nicht, Fahrwerk und Bremsen sind immer noch reif für den Schrottplatz. Dafür haben wir vier neue Reifen montiert. Na klar, Pirelli im 175er-Format, irgendwas soll Opas Golf ja mit dem GTI gemeinsam haben. Der Bremstest fällt mit neuen Gummis gleich um Klassen besser aus: Aus Tempo 100 kommt der Golf nach 46,6 Metern zum Stehen, das sind fast zehn Meter weniger als mit den harten und porösen Pneus. Und der Elchtest? Besser, aber noch nicht gut. Opas Golf schaukelt durch die Kurven wie ein Schiff auf hoher See, Tester Schadendorf muss mit aller Kraft gegenlenken, damit der Youngtimer keine Hütchen umsäbelt. Deshalb: Zurück zur Werkstatt fährt der Golf huckepack auf dem Trailer.

Neue Reifen, neues Auto. Na gut – ganz so's nicht. Aber der Opa-Golf meistert den Pylonenkurs mit frischen Gummis, bleibt brav in der Spur

FOTOS: T. BADER, C. BITTMANN.

ALTE REIFEN • NEUES FAHRWERK • NEUE BREMSEN

3 „Elchtest" quer und im Drift – gleich platzen die alten Gummis

Kommt ein Gölfchen ums Eck … Auf freier Strecke hätte Tester Schadendorf großen Schaden angerichtet – die Gummis haben null Bodenhaftung

Dieser Test war eigentlich gar nicht vorgesehen – aber er zeigt, wie wichtig gute Reifen sind. Mechaniker Schadendorf hat den Golf gerade von der Achsvermessung geholt, überführt ihn auf eigener Achse zur Teststrecke. Um zum letzten Mal die alten Reifen aufzuziehen. Er will wissen: Wie fährt sich ein Auto mit nagelneuen Dämpfern, neuen Radlagern, neuen Querlenkern und neuer Bremsanlage, aber mit steinharten Reifen? Machen Sie das bitte nicht nach! Beim „Elchtest" gibt es fürs

Opa-Gölfchen kein Halten mehr. Schadendorf lenkt nach links, will geradeaus weiterfahren. Der Golf nicht. Bei Tempo 60 schiebt er sich quer durch die Pylonengasse, driftet, anstatt den Lenkbewegungen zu folgen. Kriminell wird es beim Bremstest. Nach 46,3 Metern kommt der Golf zum Stehen. Dann, beim dritten Versuch, passiert es: Reifen hinten links geplatzt. Mit lautem Knall und weißer Wolke verabschiedet sich der Pneu nach 14 Jahren von der Piste.

NEUE REIFEN • NEUES FAHRWERK • ALTE BREMSEN

Wie am ersten Tag: Der Golf lässt sich problemlos um die Pylonen zirkeln

4 Auf seine alten Tage wird der Opa-Golf zum Fahrdynamiker

„Aus dem vorderen Querlenker hätte man problemlos auch ein Küchensieb machen können." Schrauber Schadendorf hat beim Fahrwerk zum Rundumschlag angesetzt, nicht nur Querlenker, sondern auch Federbeine, Dämpfer und sämtliche Gummigelenke ausgetauscht. Nach der Montage geht es für unseren Opa-Golf zur Achsvermessung – und dann schnurstracks mit den neuen Pirelli auf die Teststrecke. Schon der Bremstest aus Tempo 100 bringt

die erste Überraschung: Nach 43,9 Metern steht der Golf. Zum Vergleich: Ein Golf VI braucht knapp 38 Meter. Ganz passabel, der Oldie, und das mit einer Bremsanlage, die in dieser Zusammensetzung die Silberhochzeit hinter sich hat. Neues Fahrwerk, neue Reifen – so richtig viel Spaß macht diese Kombination auf dem Pylonenkurs. Die Hütchen lassen sich viel exakter und mit weniger Aufwand am Ruder umschiffen.

NEUE REIFEN • NEUES FAHRWERK • NEUE BREMSEN

5 Neue Bremsen rundum – jetzt ist auch der TÜV zufrieden

Wir beschleunigen unseren Opa-Golf auf 100 km/h. Und steigen voll in die Bremsen. Ergebnis: Dieses Auto gehört nicht mehr zum alten Eisen! Nach exakt 43 Metern steht der Opa-Golf, ein nagelneuer VW Fox kann es kaum besser. Wie wir das geschafft haben? Das neue Fahrwerk samt Querlenkern, Dämpfern und sämtlichen Gelenken kennen Sie. Die neuen Reifen auch. Die neue Bremsanlage noch nicht. Schrauber Schadendorf hat die originalen Bremssättel überholt und mit

neuen Bremsklötzen ausgerüstet, einen mit Radlagern versehenen Satz Achsschenkel verbaut, außerdem neue Bremsscheiben vorn, neue Bremstrommeln hinten (mit Radlagern), neue Bremsbacken, neue Bremsleitungen und -schläuche, neue Radbremszylinder, hat dem Golf einen neuen Hauptbremszylinder und ein neues Handbremsseil spendiert. Jetzt wäre auch der TÜV mit dem Opa-Golf zufrieden.

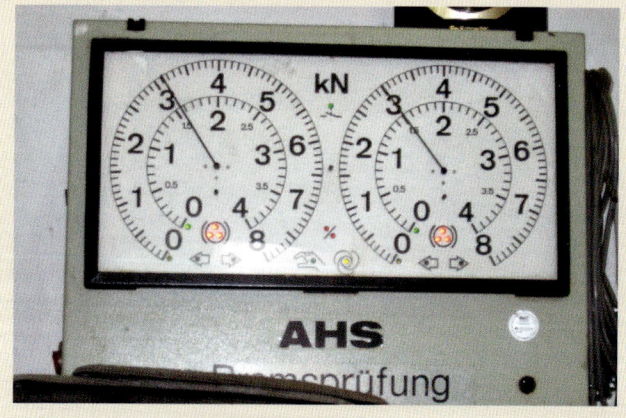

Ein ordentliches und gleichmäßiges Ergebnis am Bremsenprüfstand ganz nach TÜV-Geschmack: Der Opa-Golf hat eine komplett neue Bremsanlage

Das haben wir repariert – und bezahlt

Neu

Alt

Alles neu: Querlenker, Stoßdämpfer, Federbeinstützlager. Die alten Teile waren nach über 26 Jahren nicht mehr zu gebrauchen

Reifen:

Vier Pirelli 175/70 R 13 H .... **210 Euro**

Fahrwerk:

Querlenker, Stoßdämpfer,
Federn, Federbeinstützlager .... **320 Euro**
Achsvermessung .... **65 Euro**

Bremsen:

Bremsklötze, Bremsscheiben, Achsschenkel
mit Radlager, Bremstrommeln und -backen,
Leitungen und Schläuche, Rad- und
Hauptbremszylinder, Handbremsseil .... **260 Euro**
Achsvermessung .... **65 Euro**

Gesamt: **920 Euro**

Arbeitszeit (30 Stunden à 45 Euro) .... 1350 Euro

Alt

Neu

Fix und fertig: Querlenker, Dämpfer und Bremsen mussten nach 26 Jahren ersetzt werden. Auch Bremsschläuche und -leitungen sind neu

AUTO BILD KLASSIK-Tester Gerald Schadendorf montiert den Dämpfer

vielen Rostlöcher an Schweller, Wagenheberaufnahme und Endspitzen beachten wir mal gar nicht. Aber die Technik. Querlenker: vergammelt. Radlager: fertig. Stoßdämpfer: schlapp wie Fahrradluftpumpen. Dazu aufgequollene und zugesetzte Bremsschläuche, Bremstrommeln hinten, die an eine runtergedudelte Schallplatte erinnern, vier rissige, steinharte Reifen, von denen der jüngste zwölf Lenze zählt. Schadendorfs vernichtendes Urteil: „Ein Auto in diesem Zustand ist eine mobile Bombe mit unbekanntem Detonationsort." Also genau richtig für den Test von AUTO BILD KLASSIK. Wir karren den Opa-Golf zum Testgelände, einem ehemaligen Militärflugplatz mit asphaltierter Landebahn. Hier bremsen wir ihn von Tempo 100 auf null, jagen wir ihn durch den Pylonenkurs, fahren den Elchtest, ein simuliertes Ausweichmanöver. Zuerst im unreparierten Urzustand, dann mit neuen Reifen, mit neuem Fahrwerk, mit neuen Bremsen. „Das Schnäppchen aus erster Opa-Hand war technisch tot", sagt Schadendorf. Jetzt lebt es wieder. Ganz sicher.

TECHNISCHE DATEN

VW Golf I LX 1.5 (1983)

Original: Vier-Speichen-Lenkrad, Radio „Braunschweig", Tacho mit 86 389 Kilometern

Vierzylinder-Vergasermotor, vorn quer • zwei Ventile pro Zylinder • Hubraum 1457 cm³ • Leistung 51 kW (70 PS) bei 5600/min • max. Drehmoment 108 Nm bei 2500/min • Frontantrieb • Schaltgetriebe, vier Gänge • McPherson-Federbeine, Querlenker, Schraubenfedern/Verbundlenkerachse, Federbeine v./h. • Scheibenbremsen/Trommelbremsen v./h. • Reifen 175/70 SR 13 • L/B/H 3815/1610/1410 mm • Radstand 2400 mm • Leergewicht 2-Türer 820 kg, 4-Türer 845 kg • zul. Gesamtgewicht 1280 kg • Kofferraum 320–1100 l • Spitze 158 km/h • 0–100 km/h 13 s • Verbrauch 10 l Benzin (Werksangabe)

Der 1,5-Liter-Vierzylinder leistet 70 PS und schafft 158 km/h

Preis	(Zustand 2) 6500 Euro

So rechnet sich Oldtimerleasing

Wer least, spart Steuern und fährt günstiger: Was mit Neuwagen funktioniert, lässt sich auch bei Klassikern rechnen. Viele Leasingkunden schätzen auch die Sozialverträglichkeit eines Geschäfts-Oldies

„Der **MIDGET** hat Charme, er passt zu mir und wird von den Kunden positiv aufgenommen"

TIMM BALLERSTEIN, EXPERTE FÜR ALTBAUSANIERUNGEN

■■ Timm Ballerstein hat ein Faible für alte Dinge. Der Düsseldorfer Architekt hat sich nicht nur auf Altbausanierung spezialisiert, er fährt auch stilecht zur Baustelle. Der himmelblaue MG Midget mit Speichenrädern und Holzlenkrad ist sein erster Oldtimer – und hat als Dienstwagen trotz seiner 48 Jahre unbestreitbare Vorzüge. „Das Auto hat Charme, es wird von den Kunden positiv aufgenommen", freut sich Ballerstein.

Den offenen Zweisitzer hat sich der Architekt nicht gekauft, sondern geleast. Was beim Audi A6, BMW 5er oder der Mercedes E-Klasse längst Standard ist, hat sich in den vergangenen Jahren auch unter Liebhabern herumgesprochen und zu einer kleinen, offensichtlich florierenden Marktnische entwickelt.

Mittlerweile gibt es eine Reihe von Leasingfirmen, die sich auf das Geschäft mit Klassikern spezialisiert haben. Das bestätigt auch der Bundesverband deutscher Leasinggesellschaften. „Wir verzeichneten in letzter Zeit eine wachsende Nachfrage nach Leasingangeboten für Oldtimer und auch eine steigende Zahl von Anbietern", ergänzt Verbandssprecherin Heike Schur.

Wie beim konventionellen Neuwagenleasing kann der geleaste Oldtimer eine Alternative zum Kredit sein. Üblicherweise lohnt es sich aber vorwiegend für gewerblich genutzte Fahrzeuge, bei denen die Raten steuerwirksam angesetzt werden können.

Ein Klassiker im gewerblichen Einsatz – dieser Gedanke ist gar nicht abwegig. Das bestätigen auch Anbieter von speziellen Leasingkonzepten: „Alltagstaugliche Oldies wie ein 123er oder /8er Coupé von Mercedes oder ein früher 911er sind oft dienstlich im Einsatz." Alte Autos seien wesentlich sozialverträglicher als neue Luxusmodelle, deshalb fährt der erfolgreiche Parkettleger keinen neuen Elfer, sondern einen klassischen aus den 70er-Jahren. So unterschiedlich wie die Berufe der Kunden fällt auch deren Wahl des Leasingoldtimers aus: Es gibt den Architekten, der in einem Citroën DS unterwegs ist, den Unternehmensberater im Jaguar Mk II oder den Installateur, der aus Werbegründen ab und zu mit eine VW Pritsche zu Kunden fährt.

Die Volumenmodelle der Klassikerszene sind in der Mehrzahl, das bestätigt Tim Meinrenken vom Klassikhändler Thiesen in Hamburg. „Das Leasinggeschäft läuft fast ausschließlich im Preisbereich

unter 100 000 Euro. Darüber wird gekauft."

Was den geleasten Oldie so besonders macht, das sind einige fiskalische Feinheiten, die viele freischaffende Oldtimerfans erst auf den zweiten Blick entdecken. Denn bei der sogenannten Dienstwagensteuer schneidet der Oldie konkurrenzlos günstig ab. Wer die Branche kennt, der weiß, dass er für die Privatnutzung des Geschäftswagens pro Monat ein Prozent des Neupreises versteuern muss. Und zwar unabhängig davon, ob er den Wagen neu oder gebraucht gekauft hat – was die Attraktivität einer sechsjährigen S-Klasse zum Schnäppchenpreis erheblich schmälert. Aber der Urahn mit H-Kennzeichen steht glänzend da: Ein 1969er Mercedes 280 SE (W 108) kostete neu 18 760 Mark, beim Nachfolger W 116 waren es zehn Jahre später 35 300 Mark – dafür gibt's heute

nur einen Golf mit Straßenbahn-Ausstattung. Eine aktuelle S-Klasse kommt auf mindestens 86 000 Euro – und 860 zu versteuernde Euro.

Dass man mit einem Klassiker sparen und trotzdem Spaß haben kann, das hat auch die Düsseldorfer Anwältin Natascha Grosser überzeugt. Ihr schwarzer Volvo P 1800 S, ein Exemplar von 1964 mit den markanten Kuhhorn-Stoßstangen, ist als Dienstwagen im Einsatz. „Das Leasing bietet sich für Selbstständige an. Und dazu habe ich den Vorteil, dass die Mandanten beim Anblick des Autos immer positiv reagieren", ergänzt sie. Ursprünglich schwankte die Advokatin zwischen dem Volvo und einer 58er Corvette. Der Volvo bekam den Zuschlag, weil er deutlich entspannter zu fahren ist – obwohl er schon in den 60ern dafür bekannt war, eher muskelmännliche Bedienungsansprüche

zu stellen. Sein deutscher Neupreis 1964: 17 500 Mark.

Der zweite große Pluspunkt des geleasten Oldtimers ist der Restwert. Der Wertverlust liegt üblicherweise deutlich unter jenem der Neuwagen – wenn der Klassiker überhaupt noch Wert verliert. Deshalb könnte man bei der Kalkulation der Leasingkonditionen auch mit ganz anderem Spielraum rechnen und auf niedrigere Raten kommen. Allerdings zeigt sich hier, dass die Angebote der Leasingspezialisten weit auseinanderklaffen und auf entsprechend unterschiedliche Raten für den klassischen Fahrzeugtyp kommen. Vergleichen lohnt sich also, wobei auch beim Oldtimer die uralte Leasingweisheit gilt: Je höher die Rate, desto niedriger der Restwert.

In der Praxis kann er vom tatsächlichen Marktpreis abweichen. Für den Leasingnehmer und anschließenden Fahrzeugkäufer ist das möglicherweise ein lohnendes Geschäft: Denn meistens werden die Leasingklassiker nach Ablauf des Vertrags vom Kunden übernommen. In steuerlicher Hinsicht ist dieses

Rechenmodell aber nicht unproblematisch, da es vom Fiskus unter Umständen als Missbrauch verstanden werden könnte.

Unbestritten und auch buchhalterisch über jeden Zweifel erhaben ist natürlich der tägliche Fahrspaß auf dem Weg zum Kunden oder ins Büro. Und der Werbe- und Wiedererkennungswert eines Klassikers, den nicht einmal das Finanzamt anzweifeln kann.

„Die Mandanten reagieren auf den Anblick meines VOLVO immer positiv – ein Vorteil"

NATASCHA GROSSER, RECHTSANWÄLTIN

FAZIT

Oldtimer zu leasen ist bis heute kein Modell für jeden. Wer jedoch überlegt, einen Klassiker als Geschäftswagen zu bewegen, sollte sich diese Lösung näher anschauen. Sie bietet tatsächlich einige interessante Vorteile.

So kommen Gurte in den Klassiker

Nur die wenigsten wirklich alten Autos haben Sicherheitsgurte.
Wir zeigen, wie einfach sie nachzurüsten sind, wenn sie fehlen

■ Heute ist es unfassbar, aber das Unwichtigste am Auto war früher die Sicherheit. Für Knautschzonen interessierten sich nur Mercedes- und Volvo-Käufer, und selbst Gurte waren jahrzehntelang umstrittenes Zubehör, für das oft vergeblich geworben wurde. Oldtimerfahrer fühlen sich deshalb oft seltsam nackt in ihren Autos, auch wenn die ansonsten alltagstauglich sind. Allein unser Dauertester, der blaue BMW 3.0 Si: ein Pralltopf im Lenkrad,

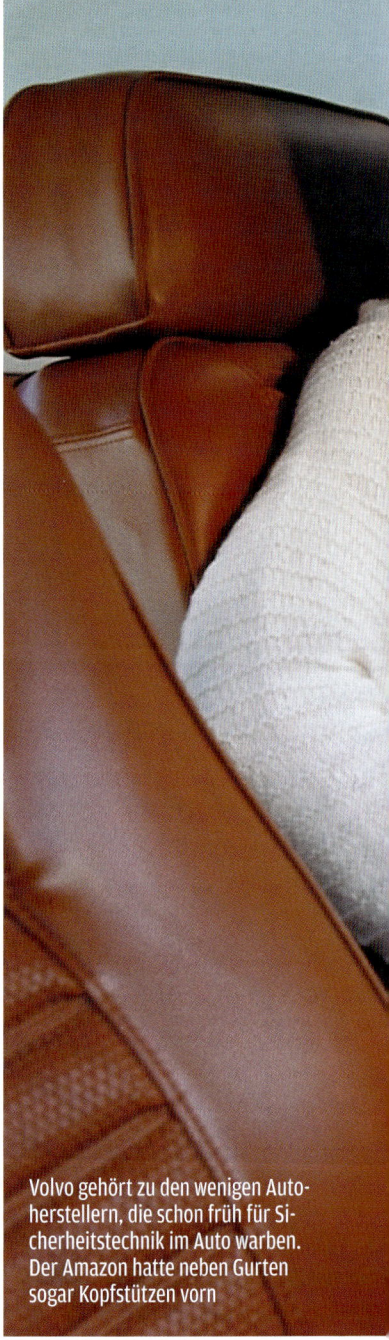

Volvo gehört zu den wenigen Autoherstellern, die schon früh für Sicherheitstechnik im Auto warben. Der Amazon hatte neben Gurten sogar Kopfstützen vorn

Gurte nachrüsten ganz bequem

❶

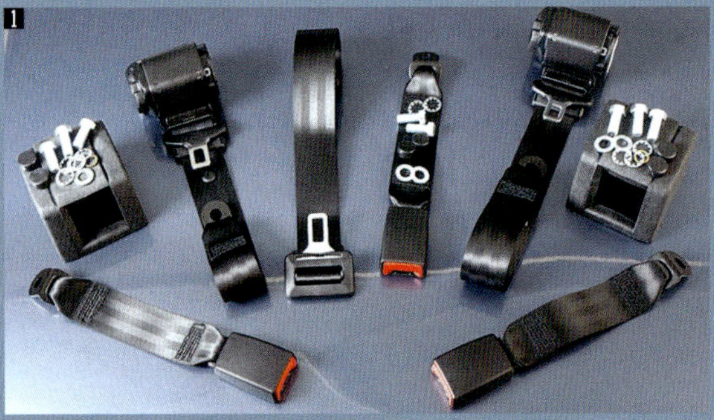

Unser Dauertest-BMW hat vorbereitete Befestigungspunkte für Gurte. Für die äußeren Sitze haben wir Dreipunkt-Automatikgurte bestellt. In der Mitte soll uns ein zeitgenössischer, statischer Beckengurt reichen

❷

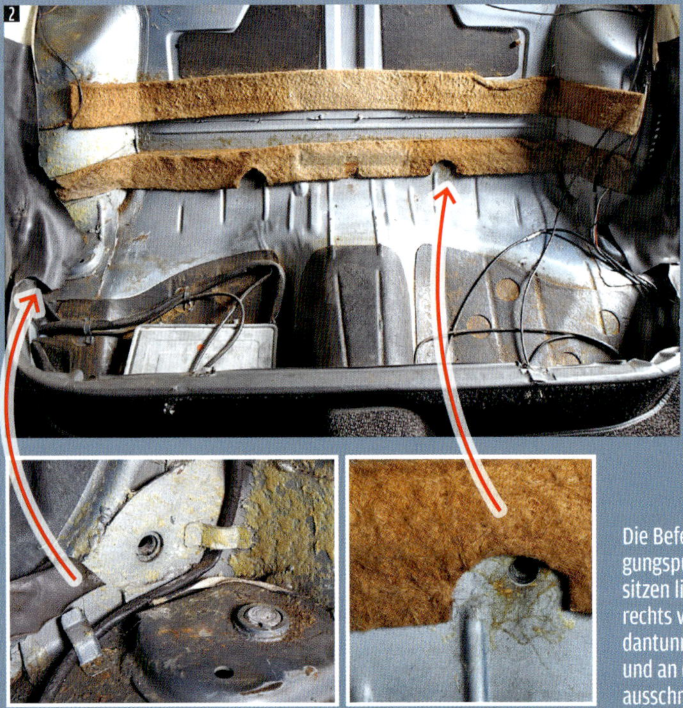

Die Befestigungspunkte sitzen links und rechts vom Kardantunnel in und an den Türausschnitten

vier Kopfstützen und zwei Sicherheitsgurte – mehr ist da nicht. 1973 war das völlig normal. Gurte vorn waren erst ab 1974 vorgeschrieben, hinten sogar erst ab Mai 1979. Bei aller Liebe zur Originalität – das reicht heute nicht mehr. Zwei Dreipunktgurte mit Gurtaufroller und ein statischer Beckengurt sollen unseren BMW auf allen fünf Sitzen sicher und damit familientauglich machen. Gurte zum Nachrüsten gibt es beim Autohersteller oder bei Spezialisten wie

Fortsetzung Seite 84

FOTOS: R. TIMM (4), HERSTELLER, FOTOLIA

Oldtimersicherheitsgurte.de oder Stevens Autoersatzteile (www.stevens-wesel.de). Aber wie werden sie eingebaut? Das kommt darauf an, wie gut das Auto darauf vorbereitet ist, ob Befestigungspunkte vorhanden sind (siehe Kasten links) oder fehlen (siehe Seite 85).

Ein Blick unter die Rücksitzbank unseres BMW zeigt, dass er schon Befestigungspunkte mit Gewinde hat: links und rechts vom Kardantunnel sowie im hinteren unteren Bereich der Türausschnitte. Die oberen Befestigungspunkte liegen auf beiden Seiten in der C-Säule. Sie lassen sich unter dem Dachhimmel ertasten. Wir verzichten aber auf die oberen Befestigungspunkte. Der Gurtaufroller würde zu sehr in den Kopfraum ragen und auch die Optik stören. Einen Umlenkbügel brauchen wir auch nicht, weil außen auf der Hutablage schon Löcher für den Gurtaufroller sind. Sie haben kein Gewinde, also kommen Gewinde-platten zum Einsatz. Beim Schrauben brauchen wir – endlich mal – die 16er-Nuss aus dem Knarrenkasten. Die Schrauben selbst müssen hochfest sein. Keinen billigen Ersatz aus dem Baumarkt nehmen! Der Gurtaufroller muss seiner Position entsprechend bestellt werden. Ein für senkrechten Einbau gedachter Aufroller funktioniert schon bei wenigen Grad Abweichung nicht mehr.

Für den Beckengurt in der Mitte können wir uns das Bohren sparen.

Wir nutzen die Gewinde beim Kardantunnel doppelt, also für den jeweiligen Dreipunktgurt und den Beckengurt.

Nach etwa einer Stunde sind wir fertig. Unser BMW ist jetzt viel sicherer und das Gefühl beim Gasgeben noch besser. Zumindest dann, wenn die Gurte auch angelegt werden. Doch dies ist dann, im Unterschied zu Nachrüstung, sogar vorgeschrieben: Wenn Gurte eingebaut sind, gilt stets Anschnallpflicht.

Gurte nachrüsten – beim BMW 3.0 Si geht's schnell und einfach

Der BMW hat das Steuergerät für die D-Jetronic unter der Sitzbank. Also Vorsicht: nicht drauftreten und nicht als Ablage missbrauchen

Der Gurtaufroller auf der Hutablage bekommt als Gegenlager eine Gewindeplatte. Die Schrauben sichern wir zusätzlich mit Schraubenkleber

Vor dem Schrauben reinigen wir die Gewinde und drehen die Schrauben mit der Hand ein. Wer gleich die Knarre nimmt, gefährdet bei Verkantung das Gewinde

Ein innerer Befestigungspunkt bekommt zwei Gurtschlösser, der andere den Beckengurt und ein Gurtschloss

Die 84 Euro für die Abdeckungen sind gut investiert, sie schützen den Gurtabroller vor Staub und sehen zeitgenössisch aus

Dank der schwarzen Ledersitze fügen sich die Gurte ein und stören die Optik nicht. Praktikantin und Fotoredakteur sitzen jetzt sicherer

FOTOS: R. TIMM (11), HERSTELLER (2), G. VON STERNENFELS, H. NEU, M. GLOGER, FOTOLIA

Gurt Meilensteine

Schon früh boten erste Hersteller Sicherheitsgurte an. Obwohl die Zahl der Unfalltoten von 7408 im Jahr 1950 auf 21332 im Jahr 1970 stieg, setzte er sich aber nicht durch. Erst nach Einführung eines Verwarngeldes für Gurtmuffel stieg die Anschnallquote auf über 90 Prozent.

1950 Erste Gurte im Nash Ambassador

1956 Porsche bietet auf Wunsch Beckengurte im 356 an

1957 Mercedes bietet Beckengurte im 300 SL an

1959 Volvo 544 und Amazon mit serienmäßigen Dreipunktgurten

1961 Wegen der Bauartgenehmigungspflicht für Gurte ab April 1961 bieten viele Autohersteller ihre

Modelle mit Gurten an oder versehen sie mit Befestigungspunkten

1974 Gurte vorn Pflicht bei Neuwagen

1976 Anschnallpflicht auf den Vordersitzen

1979 Ab Mai Gurte hinten Pflicht

1984 Ab August 40 Mark Bußgeld für Gurtmuffel

1988 Dreipunktgurte auf äußeren Rücksitzen Pflicht

Befestigungspunkte selbst setzen

Gurt-Befestigungspunkte ab Werk sind erst seit den frühen 60er-Jahren üblich. Wer bei Autos aus dieser Zeit Gurte nachrüsten will, sollte unter der Sitzbank, in den Dachsäulen und entlang des Kardantunnels nach Befestigungspunkten suchen. Sind keine Gewinde zu finden, helfen nur der Blechbohrer oder das Einschweißen von Verstärkungsplatten, am besten mit Einschweißmutter. Für die Position der Befestigungspunkte gibt es keine Vorschrift. Sie sollten an Stellen liegen, an denen das Blech besonders stabil ist. Im Zweifel lieber einen Profi fragen. Er kann am besten beurteilen, ob beispielsweise eine B-Säule für die Aufnahme des Befestigungspunktes geeignet ist. Bei gebohrten Befestigungspunkten verteilen extragroße Unterlegscheiben die Zugkräfte auf eine größere Fläche. Die Schrauben müssen eine ausreichende Stärke und eine hohe Festigkeit haben. Von der Position der jeweiligen Befestigungspunkte hängt die Länge der Gurtpeitsche mit dem Gurtschloss ab. Die Sicherheitsgurte sollten neu sein und der DIN-EN-ISO 9001:2000 entsprechen. Wer gebrauchte Gurte aus Schrottautos einbaut, spart am falschen Ende.

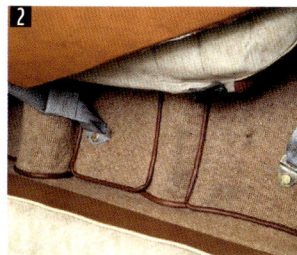

Für eine Lloyd Arabella kommen wegen der schmalen B- und C-Säulen nur Deckengurte infrage. Die einfachste Lösung: zwei Löcher im hinteren Fußraum für den vorderen Gurt und das Gurtschloss

Extragroße Unterlegscheiben verteilen die bei einem Unfall wirkenden Kräfte auf eine größere Fläche

Für die hinteren Gurte findet sich unter der Rücksitzbank ein ausreichend starkes Blech

Auch eine Möglichkeit: die Befestigung der vorderen Gurte an der Seitenwand

So wird's ein Spaß für die ganze Familie

Kinder finden Familientouren im Oldtimer klasse. Aber viele Eltern machen sich Sorgen: Wie lassen sich die Kleinen im alten Auto sichern? Meist ist es ganz einfach.

Spaß auf allen Plätzen: Enkel lieben es, wenn Opa sie im Cabrio zu einer Spritztour mitnimmt

▬▬ Keine Frage: So ein Oldtimer macht der Familie am meisten Spaß, wenn alle an Bord dürfen. Kinder lieben es, im alten Auto von Papa und Mama durch die Gegend kutschiert zu werden.

Doch ist das erlaubt? Man hört oft, Kinder unter zwölf Jahren müssten hinten sitzen. Stimmt nicht (mehr) – heute regelt die Straßenverkehrsordnung (StVO) die Unterbringung der Kleinen viel differenzierter. Prinzipiell gilt: Für Kinder müssen zugelassene „Rückhalteeinrichtungen" benutzt werden, so heißt es im Amtsdeutsch. Auch im Oldtimer. Ob vorn oder hinten, ist dabei zunächst egal.

Klar, dass es keine Regel ohne Ausnahmen gibt. Ist ein Auto so alt, dass keine Sicherheitsgurte vorgeschrieben sind, dürfen Kinder auch einfach so mitfahren – allerdings erst, wenn sie mindestens drei Jahre alt sind. Und dann nur hinten – daraus folgt, dass sie bei einem gurtlosen Zweisitzer (einem Triumph TR4 zum Beispiel) erst dann mitfahren dürfen, wenn sie größer als 150 Zentimeter sind. Oder mindestens zwölf Jahre alt.

Ziemlich kompliziert, diese Regelung. Da hilft nur eines: Gurte nachrüsten. Meist ist das nicht schwierig. Besonders einfach machen es klassische Mercedes- und VW-Modelle: Schon Mitte der 60er-Jahre besaßen alle Modelle Gurt-Aufnahmepunkte in Serie.

Dann genügt es, die Gewinde freizulegen und einen passenden Sicherheitsgurt festzuschrauben. Deutlich schwieriger wird es, wenn das Fahrzeug keine werkseitigen Aufnahmepunkte besitzt – oder nur für Zweipunktgurte.

Dabei ist technisch vieles möglich. Nur sollte man sich vor der Gurt-Nachrüstung mit einem Prü-

FOTOS: GOETZ VON STERNENFELS

DAS IST ERLAUBT		
Ausstattung	**Vorschrift**	
Ohne Gurte	Kinder unter drei Jahren dürfen nicht mitgenommen werden; Kinder ab drei Jahren müssen bis 150 cm Größe hinten sitzen	
Zweipunktgurte (Beckengurte) statisch	Kinder unter zwölf Jahren müssen bis 150 cm Größe in Kindersitzen mit Prüfnorm ECE R 44/03 oder /04 gesichert werden	
Zweipunktgurte (Beckengurte) automatisch	keine zugelassenen Kindersitze verfügbar	
Dreipunktgurte statisch/ automatisch	Kinder unter zwölf Jahren müssen bis 150 cm Größe in Kindersitzen mit Prüfnorm ECE R 44/03 oder /04 gesichert werden	

fingenieur eines Überwachungs vereins beraten, denn verbindliche Einbauvorschriften gibt es nicht.

Matthias Gerst, Oldtimerexperte des TÜV Süd, rät deswegen: „Sinngemäß sollte man die Vor-

gaben anwenden, die es für alte Wohnmobile gibt." Die verstecken sich im „VdTÜV-Merkblatt 740" in der Fassung vor 1992.

Rund um den Gurt regelt dieses Merkblatt drei Punkte. So

steht erstens geschrieben, dass für die Gurtbefestigung Löcher in die Bodengruppe oder den Rahmen gebohrt werden dürfen. Dabei

Schade: Die meisten Versicherer sehen Anfänger lieber als Beifahrer

Schön: Mit einigen Auflagen oder Mehrpreis dürfen auch junge Fahrer hinters Lenkrad

So finden Sie die richtige Versicherung

Oldtimerfahrer sind meist äußerst defensiv unterwegs. Versicherer honorieren das mit günstigen Tarifen. Ein Vergleich der Angebote lohnt sich dennoch, besonders bei speziellen Risiken wie jungen Fahrern.

■■■ Wer heute einen Oldtimer versichern will, stößt auf viele offene Ohren. Um den Abschluss einer Police bewerben sich in Deutschland mittlerweile rund anderthalb Dutzend Versicherungen, dazu kommen noch einige spezialisierte Makler, die eine individuelle Beratung über Marken- und Produktgrenzen hinweg bieten.

Auch wenn das Angebot einem Dschungel gleicht, findet sich meist eine passende Offerte. Allerdings fällt ein Vergleich nicht immer einfach, weil die Anbieter oft sehr unterschiedlich auf ein-

zelne Merkmale reagieren – doch dies ist bei Versicherungen für moderne Fahrzeuge nicht anders. Allerdings lässt sich bei diesen über Vergleichsportale ein günstiger Tarif schneller herauspicken als bei den Oldtimer-Assekuranzen. Einige Oldtimer-Versicherer, zum Beispiel die Württembergische oder Autosan, bieten online immerhin einen Tarifrechner an.

Für nahezu alle Angebote gilt, dass der Versicherer ein Alltagsfahrzeug voraussetzt. Nur langsam greift die Erkenntnis, dass der ein oder andere urbane Bürger heute für Einkauf und Beruf kein

eigenes Auto mehr unterhalten mag, sondern auf andere Mobilitätslösungen zurückgreift, sei es das Fahrrad, der öffentliche Nahverkehr oder Car Sharing. In solchen Fällen haben inzwischen erste Oldtimer-Versicherer ein Einsehen und bieten dennoch Schutz für einen Klassiker an.

Ebenso schwierig kann es werden, wenn Fahranfänger im Oldtimer hinter dem Steuer sitzen wollen. Viele Versicherer scheuen das Risiko junger Fans ohne Erfahrung und schließen kategorisch aus, dass Fahrer unter 23 oder 25 Jahren einen Oldtimer steuern.

In manchen Fällen schreiben sie auch einen Mindestbesitz des Führerscheins von einigen Jahren vor. Andere Anbieter, die Württembergische oder Autosan Classic zum Beispiel, stehen diesen Fällen deutlich offener gegenüber. Sogar begleitetes Fahren ab 17 Jahren lässt die Württembergische zu – gibt es einen besseren Start in eine Oldtimerkarriere, als im jugendlichen Alter bereits Vor- und Rücksicht in den elterlichen Preziosen erwerben zu dürfen?

Daneben stellen die Versicherungen weitere Forderungen an die Oldtimerbesitzer. So muss der

FOTOS: A. PERKOVIC (3), B. ANDRESEN, HERSTELLER, U. SONNTAG, PRIVAT

VERSICHERUNGEN

ADAC	www.adac.de
Allianz	www.allianz.de
Autosan Classic	www.autosanclassic.de
AXA	www.axa.de
BELMOT	www.belmot.de
Carisma Assecurador	www.carisma.auto
Concordia	www.concordia.de
German Underwriting	www.german-underwriting.de
Gothaer	www.gothaer.de
HDI	www.hdi.de
Hiscox	www.hiscox.de
LVM	www.lvm.de
OCC Assekuranzkontor	www.occ.eu
Signal Iduna	www.signal-iduna.de
WGV	www.wgv.de
Württembergische Versicherung	www.oldtimer.de
Zurich	www.zurich.de

MAKLER

OLASKO, Peter H. Sauer, Assekuranzmakler, www.olasko.de

TS Assekuranzmakler W. Traut e.K., www.oldie-ts.de

Oldtimer Versicherungsdienst Hofmann & Wörthmann, www.oldtimer-versicherungen.de

DREI KLASSIKER IM TARIF-ÜBERBLICK

Um Klassiker zu versichern, gibt es heute viele Angebote. Beispielhaft sind hier einige Tarife aufgeführt, die jedoch in der Praxis - je nach konkreten Parametern - auch deutlich abweichen können.

Fiat Nuova 500
Baujahr: 1957 — Leistung: 10 kW/13 PS
Hubraum: 499 cm³ — Wert (Zustand 2): 15 800 Euro
Haftpflicht ohne Kaskoschutz: ca. 65 Euro*
Teilkasko: ca. 125 Euro
Vollkasko: ca. 200 Euro

Opel Senator A 3.0 E
Baujahr: 1978 — Leistung: 132 kW/180 PS
Hubraum: 2968 cm³ — Wert (Zustand 2): 8000 Euro
Haftpflicht ohne Kaskoschutz: ca. 75 Euro
Teilkasko: ca. 135 Euro
Vollkasko: ca. 200 Euro

Mercedes 230 CE
Baujahr: 1992 — Leistung: 100 kW/136 PS
Hubraum: 2298 cm³ — Wert (Zustand 2): 12 000 Euro
Haftpflicht ohne Kaskoschutz: ca. 125 Euro
Teilkasko: ca. 230 Euro
Vollkasko: ca. 350 Euro

*) Jahresbeiträge. Stand: Mai 2019. Die Angaben stammen vom Tarifrechner der Württembergischen Versicherung (www.oldtimer.de). Angenommen wurden 5000 Kilometer Jahresfahrleistung, Unterbringung des Fahrzeugs in einer Garage und eine Nutzung durch den Halter (Alter: 40) oder seines Ehepartners zu über 90 Prozent. Selbstkostenbeteiligung bei Teilkasko 150 Euro, bei Vollkasko 500 Euro. Ohne Schutzbrief.

Zustand des Fahrzeugs in aller Regel mindestens gut sein, und viele fordern ein (einigermaßen aktuelles) Gutachten, wobei – abhängig vom Wert – oft ein Kurzgutachten akzeptiert wird. Allerdings stellt dies bei einem Schaden insbesondere den Fahrzeughalter meist deutlich schlechter. Ebenso ist bei nahezu allen Verträgen die Jahresfahrleistung strikt begrenzt. Während der Gesetzgeber hier keine Vorgaben macht, hat die Versicherungswirtschaft diese Beschränkung flächendeckend eingeführt. Höhere Laufleistungen lassen sich, dies bleibt bei dieser Vorgabe das Manko, jedoch in der Praxis nur mit erheblichem Aufwand beweisbar überprüfen.

Ebenso wichtig ist die Angabe, wo das Fahrzeug untergebracht ist. Je nach Wert fordert der Versicherer einen abgeschlossenen, mindestens überdachten Stellplatz, idealerweise eine Garage. In jedem Fall versuchen die Anbieter mit aller Macht zu verhindern, dass Sparfüchse sich mit einem gerade über die Jahre geretteten, mehr ver- als gebrauchten und günstigst eingekauften Massenmodell einen besonders günstigen fahrbaren Untersatz konfigurieren. Das gelingt inzwischen nahezu immer – auch, wenn die Abgrenzung nicht in jedem Fall einfach ist. Im Zweifel muss der Besitzer hier nachweisen, dass seinem Fahrzeug eine Karriere als Nachwuchs-Oldtimer bevorsteht.

Besonders wer dank einer kleinen Sammlung mehrere Fahrzeuge versichern will, sollte die Angebotsvielfalt sorgfältig prüfen. Die Unterschiede sind mitunter gewaltig, nicht nur in Bezug auf die Tarife, sondern auch im Hinblick auf die Leistungen. Dabei bieten nur wenige Versicherer reine Haftpflichtmodelle an, Kasko ist nahezu immer Pflicht – wenn auch nicht Vollkasko, was jedoch meist empfehlenswert (und oft kaum teurer) ausfällt. Zudem sind bei etwa der Hälfte aller Versicherer Allgefahrendeckungen im Angebot, deren Schutz oft sehr weit reicht und die viele Schäden regulieren, ohne zwingend spürbar teurer für den Kunden auszufallen. Näheres kann nur eine konkrete Nachfrage klären, da diese Rundum-Sorglos-Pakete nicht für alle Fahrzeugtypen abschließbar sind. Übrigens: Auch Schutzbriefe bieten viele Versicherer für Klassiker an, oft sogar recht günstig.

Während es inzwischen die Kombination aus H- und Saisonkennzeichen gibt, die bequem, problemlos und geldsparend Fahrzeuge in den Winterschlaf schickt, übersehen nicht wenige Oldtimerbesitzer die dringende Empfehlung, bei einem komplett abgemeldeten Fahrzeug eine Ruheversicherung abzuschließen oder den Vertrag in diesem reduzierten Status weiterzuführen, was viele Versicherer anbieten und meist sehr günstig oder sogar kostenfrei möglich ist. Doch ohne eine solche Police bleibt der geschätzte Klassiker völlig ohne Schutz: Bei Diebstahl, Vandalismus oder Feuer droht dann ein Totalverlust.

FAZIT

Was früher schwierig war, ist heute Standard: Versicherer bieten maßgeschneiderte und preislich oft angemessene Policen an, mit denen Klassiker bestens aufgehoben sind. Allerdings lässt sich keine pauschale Empfehlung geben außer der, verschiedene Angebote in ihrem Umfang und Preis zu vergleichen. Wer unabhängige Beratung und individuelle Lösungen sucht (oder schlicht Zeit sparen möchte), schaltet einen Makler ein.

So geht Rallyefahren

Chinesenzeichen und viele Kurven: Bei klassischen Oldtimerrallyes kommt es aufs Tempo an. Auf das richtige, nicht auf das höchste. Unverzichtbar dabei: die richtige Ausstattung

Chinesenzeichen und viele Kurven: Bei klassischen Oldtimerrallyes kommt es aufs Tempo an. Auf das richtige, nicht auf das höchste. Unverzichtbar dabei: die richtige Ausstattung.

Einsteigen und Gas geben: So läuft das nicht im historischen Motorsport. Nicht bei den Touren rund um Hunsrück oder Kurort, erst recht nicht auf der Rennstrecke, wo sich die Profis mitunter regelrechte Materialschlachten liefern. Reden wir also von den normalen Klassik-Touren, die für Hobbyfahrer bezahlbar sind. Aber auch für diese Touren gilt: Fahrer und Beifahrer sollten gut vorbereitet an den Start rollen.

Das beginnt mit der Fahrzeugwahl: Ein Rennwagen ist nicht erforderlich, denn bei den klassischen Oldtimerrallyes geht es nicht um Höchstgeschwindigkeit. Zuverlässigkeit und Genauigkeit sind die Tugenden, die bei einer Gleichmäßigkeitsrallye die Punkte bringen. Das optimale Auto ist deshalb standfest, seine Ersatzteile sind erschwinglich.

Von simpel bis Hightech

Mechanische Stoppuhren passen sich perfekt in klassische Cockpits ein. Hersteller bieten für sie spezielle Halterungen an

Wer auf heißen Rallyes wie der Carrera Panamericana teilnimmt, rüstet dagegen hoch - hier ein 1965er Ford Falcon Futura

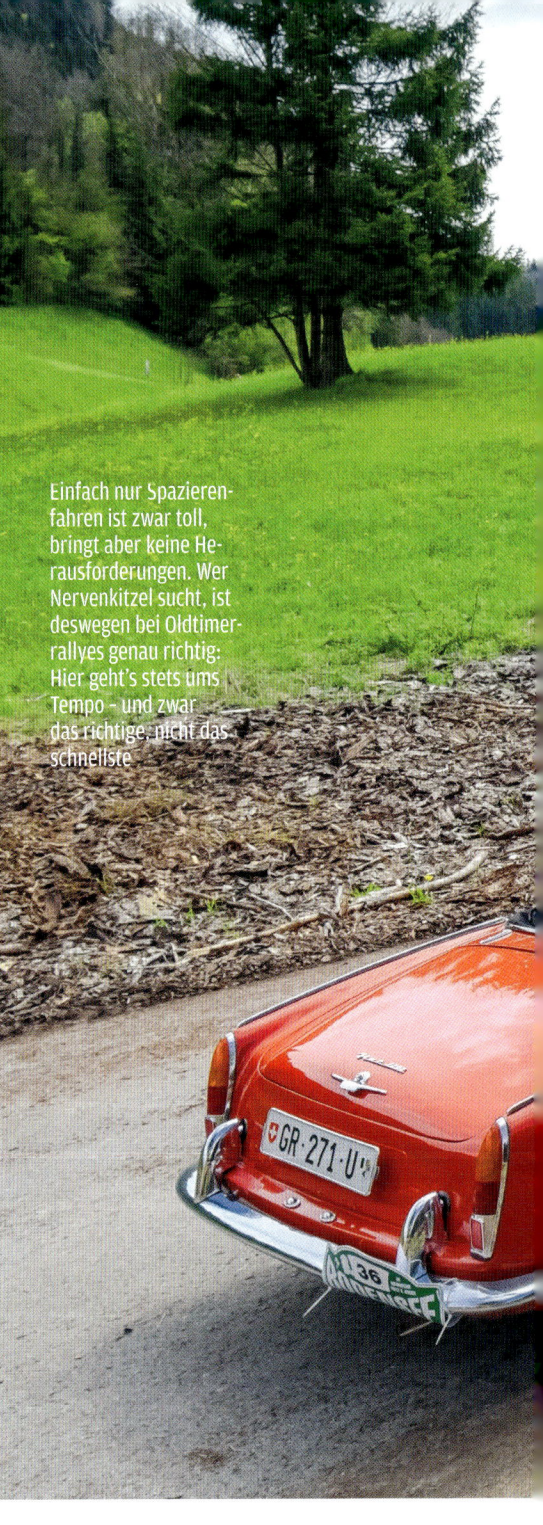

Einfach nur Spazierenfahren ist zwar toll, bringt aber keine Herausforderungen. Wer Nervenkitzel sucht, ist deswegen bei Oldtimerrallyes genau richtig: Hier geht's stets ums Tempo - und zwar das richtige, nicht das schnellste

Das sind die wichtigsten Extras für Rallyes

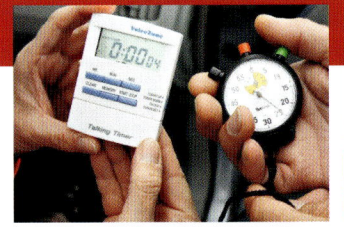

Elektronische Helfer wie eine herunterzählende Stoppuhr (links) sind nur in speziellen Klassen zulässig

Diese spezielle mechanische Stoppuhr zählt nur 30 Sekunden pro Umlauf und ist somit präziser abzulesen

FOTO: OLAF TAMM, AUTOBILD, SVEN KRIEGER, TONI BADER, HERSTELLER, LENA BARTHELMESS, STEFAN DIEHL, WOLFGANG GROEGER-MEIER

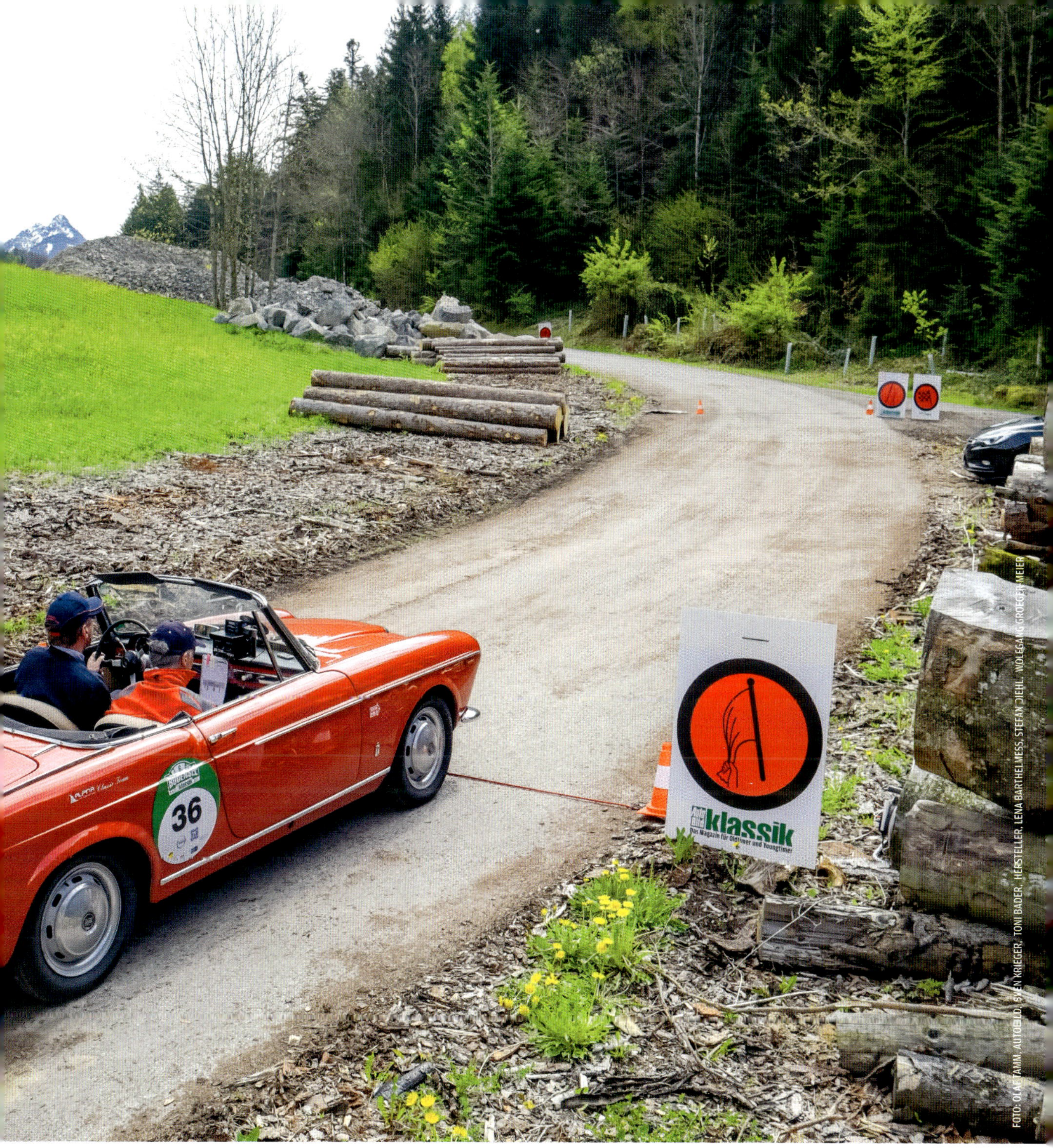

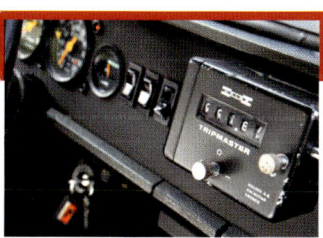

Wer Sonderprüfungen ernst nimmt, braucht einen Wegstreckenzähler – wie diesen Halda

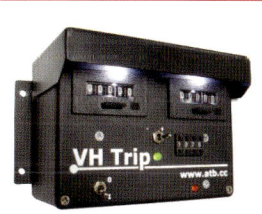

Dieser Tripmaster stammt vom französischen Anbieter ATB. Er misst zwei Strecken unabhängig voneinander

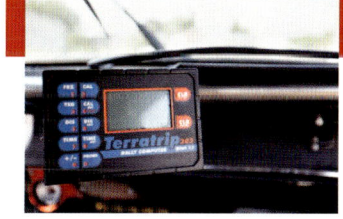

Noch viel mehr können Rallye-Computer. Doch nicht alle Veranstalter erlauben Hightech-Lösungen

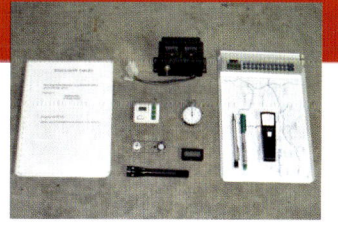

Für eine erfolgreiche Rallyekarriere braucht es nicht viel. Das wichtigste kommt sowieso erst mit der Zeit: Erfahrung

Nur mit gesunder Technik lohnt der Start

Zugelassen für die Teilnahme an Klassikveranstaltungen sind in aller Regel Fahrzeuge, die H-Kennzeichen-tauglich, also mindestens 30 Jahre alt sind. Für Exoten werden schon mal Ausnahmen gemacht. Ist ein passender Wagen gefunden, geht es an den Technikcheck und den Aufbau des Oldtimers. Denn es gibt kaum Schlimmeres, als auf den ersten Etappen wegen technischer Mängel auszufallen. Damit das nicht passiert, gibt es beim Check ein Pflichtprogramm. Die Überarbeitung zum Rallyewagen ist die Kür. Für die ersten Schnupperrunden aber reicht die Pflicht. Dazu gehören eine Prüfung von:

- Bremsenfunktion, Belagstärke und Zustand der Scheiben und Trommeln
- allen Flüssigkeiten, auch der Bremsflüssigkeit auf Wasseranteil
- Profiltiefe und Reifendruck inklusive Ersatzrad
- Keilriemen und ggf. Zahnriemen auf Verschleiß
- Beleuchtung, Batterie, Wischer und Zündanlage

Zur Vorbereitung auf die Prüfung müssen Fahrer und Beifahrer dann wieder auf die Schulbank. Unter anderem sind diese Fragen zu klären:

- Wie ist der Streckenverlauf?
- Welche Aufgabenstellungen erwarten die Piloten?
- Wie funktionieren Schnitttabellen und Chinesenzeichen?
- Wie bediene ich Stoppuhr und Wegstreckenzähler?
- Wofür stehen die Flaggensymbole im Roadbook?

Trost für Einsteiger: Selbst alte Rallye-Hasen verfahren sich. Na und? Es gilt die alte Weisheit: Der Weg ist das Ziel.

Ein perfekter Einsatzwagen für harte Winterrallyes: Der Volvo Amazon ist robust, bezahlbar, zudem ist die Teileversorgung problemlos

Das ist wichtig an Bord

Ein Leselicht hilft ungemein. Wer keines installieren will, kann auch eine Stirnlampe einsetzen

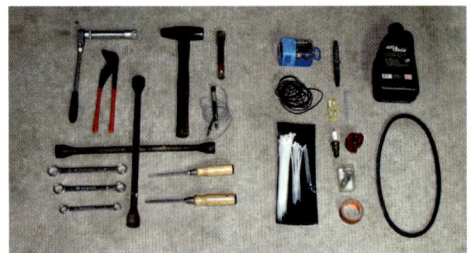

Man muss es nicht übertreiben mit dem Notfallbesteck: Radkreuz, Hammer und ein paar andere Kleinigkeiten helfen in den meisten Fällen

An Bord gibt's stets viel Papier

Bei Rallyes gibt es Wegkontrollen, manchmal auch geheime. Wenn abends Stempel fehlen, folgen Strafpunkte

Das Roadbook ist die Lektüre des Co-Piloten. Er braucht oft volle Konzentration – seiner Ansage folgt der Fahrer

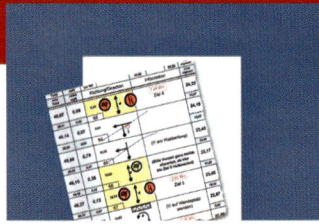

Viele Zeichen, noch mehr Zahlen und ein paar Wörter geben dem Team vor, was exakt zu tun ist

Auf glatter Piste fallen Sonderprüfungen noch anspruchsvoller aus. Mancher Teilnehmer baut sich sein Fahrzeug speziell für Winterrallyes auf

Ganz bewusst durch Schnee und Eis

Wenn's warm ist, kann's jeder: Winterrallyes sind die richtige Herausforderung für die, die im Sommer schon überall waren. Oder für die, die gern etwas mehr Herausforderung suchen. Die bekannteste aller Winterrallyes ist die AvD Histo-Monte, doch es gibt nicht einige Veranstalter, die ganz bewusst auf den Winter setzen. Wieviel Schnee dann tatsächlich liegt, weiß niemand vorher – aber die Fahrzeuge müssen gerüstet sein. Top-Winterreifen sind dabei ebenso Pflicht wie Ketten, dazu braucht es Schaufeln, warme Kleidung – und eine Themoskanne. In jedem Fall ist viel Spaß garantiert: Im Winter sind vor allem die unterwegs, die im Oldtimerfahren kein reines Schönwetter-Hobby sehen. Echte Typen also.

Zeit: das Maß aller Dinge

Bei einer Gleichmäßigkeitsrallye bestehen die Strecken aus Zwischenetappen und Sonderprüfungen. Zur Wegbeschreibung gibt es „Chinesenzeichen" (siehe Blattausriss). Bei den Sonderprüfungen wird der Fahrer sekundengenau gestartet, hat eine vorgegebene Fahrstrecke in drei Minuten und 25 Sekunden zu absolvieren. Ein Parkverbot kurz vor Ende verbietet das Anhalten, um so Zeit verstreichen zu lassen. Andere Variante: die Vorgabe einer Durchschnittsgeschwindigkeit. Mit Stoppuhr, Wegstreckenzähler und Schnitttabelle. Beispiel: Vorgabe 42,5 km/h (2). Am Start wird der Kilometerzähler oder Tripmaster genullt, die Stoppuhr gestartet. Die Tabelle erlaubt dem Beifahrer einen Geschwindigkeits-Check alle 100 Meter. Nach 1,3 Kilometern (1) dürfen eine Minute, 50 Sekunden (3) vergangen sein. Die Kontrolle ist meist im Streckenverlauf versteckt, erfolgt nicht erst am Ende der Prüfung.

Hier wird's richtig spannend

Supergeheime Prüfungen kommen überraschend. Sie sind das Salz in der Rallye-Suppe

Erst direkt vor dem Start der Prüfung erhält das Team die Vorgaben. Jetzt gilt es, schnell zu reagieren

FAZIT

Das Wort Oldtimerrallye kann täuschen: Um Schnellfahren geht es dabei nicht. Zeit jedoch spielt eine wesentliche Rolle. Denn Sieger wird der, der nicht nur die Strecke korrekt fährt, sondern auch die vorgegebenen Zeiten der Sonderprüfungen möglichst exakt einhält. Das erfordert Übung, macht aber auch eine Menge Spaß.

So günstig kann historischer Rennsport sein

Rennen fahren. Davon träumen kleine Jungs ebenso wie gestandene Kerle. Viele Mädels auch. Selbst wer richtig Auto fahren kann und eine Rennlizenz hat, steht immer noch vor einer Hürde: Ein Rennauto kostet ja wohl ein Vermögen. Könnte man meinen. Es geht aber auch günstig: Die AUTO BILD KLASSIK-Leser Ralf Zensen und Frank J. Gehlen versuchen, höchstens 10 000 Euro auszugeben

Alles begann mit einem Porsche 924 für 900 Euro. Von Fichtennadeln befreit, aufgeladen und kurz vorm Start in sein zweites, aufregendes Leben

Der Nullpunkt

Zugegeben: Diese Geschichte beginnt mit einem Glücksfall. „Können Sie mir nicht diesen Porsche hier vom Hof holen?" – „Ähem, ja sicher! Nehmen Sie's mir nicht übel – aber wollen Sie mich veräppeln?" So etwa verlief das Telefonat. Die anrufende Dame hatte eine Wohnung mit Stellplatz angemietet – aber auf dem Platz in der hintersten Ecke des Hofes schlummerte noch das vergessene Auto eines Vormieters. „Der steht schon ewig da herum. Richtig sauber ist er nicht."

Anrufe dieser Art gehen gelegentlich schon mal ein bei Kfz-Meister Jörg Messing in Voerde

am Niederrhein. Um einen Porsche geht es bei solchen Anrufen selten. Gut, dass Meister Messing weiß: Mein Kumpel Ralf Zensen sucht doch gerade einen Porsche für ein neues Projekt.

Messing besucht die Anruferin kurz vor Weihnachten. 1000 Euro soll der Porsche 924 kosten – so, wie er ist, festlich von Fichten- und Kiefernnadeln bedeckt, weil er wirklich seit Jahren unter diesen Bäumen steht. Der Heckspoiler auf der gläsernen Heckklappe hält so viele Nadeln, als hätten Generationen von Christbäumen ihr Kleid darauf abgeschüttelt.

Unter dem Grün auf der Motorhaube schimmert weißer Lack hervor. Dichter Efeu ist durch die Löcher der Kreuzspeichenräder gewachsen. Die vier Dunlop SP Winter Sport M2 sind platt.

Trotzdem kein Gedanke an die Flex. Denn Rost hat er kaum, der Verzinkung sei Dank. Außerdem ist dies nicht irgendein 924, Baujahr 1980, sondern das Sondermodell Le Mans: komplett mit Schriftzügen auf den Kotflügeln, den richtigen Alurädern im Turbo-Look, auf den Sitzen schwarzes Kunstleder, weiße Keder sowie Stoffbahnen mit – ausgerechnet – Nadelstreifen. Nur 1030

Le Mans hat Porsche gebaut. Messing ruft Zensen an, der sitzt Minuten später am Steuer, gibt der Dame 900 Euro und lädt den Porsche auf.

Ralf Zensen ist Inhaber des Sportwagenzentrums Eifel in Barweiler, nur einen Drift entfernt vom Nürburgring. Er hat enorme Erfahrung im Motorsport. 18-mal startete er bei Rennen auf der Nordschleife, unter anderem bei den 24 Stunden. Änderungen im Reglement und der brutale Fahrstil mancher Gegner ließen seinen Enthusiasmus für Rennsport mit aktuellen Autos langsam abkühlen.

Sechs Monate später

Ziel erreicht: Geputzt, beklebt und technisch fit, saust der 924 über die Nordschleife. Ralf Zensen und Frank J. Gehlen holen mit 125 PS die schnellste Rundenzeit ihrer Klasse – und gleich mal zwei Pokale

Heckantrieb – noch hinterm Heck. Nach mehreren Jahren Standzeit bewegt sich der 924 nur mit externer Hilfe aus seiner verwilderten Ecke heraus

KAUFPREIS 900,–€

1 Leise rieselten die Nadeln von Fichte und Kiefer auf die Glaskuppel. **2** Efeu umschlingt sanft die Räder. Mittels Kompressor kommt wieder Luft in die Winterreifen, so erhebt sich der Porsche ein Stück aus seinem grünen Bett. **3** Ein Spaten hilft, den Wagen zu bergen

Auf den Dreh zum Youngtimer-Sport brachte ihn ein Kunde: Frank J. Gehlen aus Neuss, Chef einer Luftfrachtspedition, nahm an einem Fahrertraining teil, das Ralf Zensen am Ring organisiert hatte. Die Herren gerieten ins Plaudern. Gehlen: „Ich war total angefixt, habe Ralf in den Ohren gelegen mit meinem Wunsch, auch mal Rennen zu fahren."

Mit 51 Jahren in eine aktuelle Rennserie einsteigen? Das redete ihm der Fachmann wieder aus. Aber bei den Youngtimern könne man gemeinsam was machen. Gehlen übte intensiv mit seinem neuen Partner und erwarb die nötige Lizenz. Zensen schaffte den Wagen ran. Diesen Wagen.

„Ein 924er ist ideal, ein Spitzenauto zum Lernen. Sein Handling ist klasse, er hat eine perfekte Gewichtsverteilung, weil der Motor vorn liegt und das Getriebe hinten an der Antriebsachse. Im Regen bist du damit Gott, da macht er mit den passenden Reifen tierisch Spaß", begeistert sich Zensen, der sich in seiner Firma meist mit deutlich teureren Wagen befasst. „Was mir an dieser Nummer so gefällt, ist das Minimalistische", sagt er.

Damals reißt Zensen erst mal die komplette Innenausstattung raus, weil er einen Überrollkäfig einbau-en muss. „Als alles draußen wa[r] zeigte sich nochmals, wie wertvo[ll] die Werksverzinkung von Porsch[e] war. Trotz der Jahre unter der Tan[n]e kein bisschen Rost."

In der Youngtimer Trophy, Grup[pe] pe 3 (seriennahe GT), will das Tea[m]

KOSTEN

Zum Nachrechnen: Am Ende ist die Summe immer noch vierstellig. Das lässt sich wiederholen, aber nur dann, wenn der Basis-Klassiker wie hier zum Schnäppchenpreis winkt. Classic Data listet einen 924 in Zustand 3 mit rund 6000 Euro.

Fahrzeugkauf	900 €
Überrollkäfig (Wiechers)	1100 €
Fahrersitz (König)	1000 €
Regenreifensatz (Avon)	900 €
Reifensatz (Yokohama)	780 €
Kolbenringe (acht Stück)	730 €
Folierung der Karosserie	580 €
Stoßdämpfer (Bilstein)	540 €
Kleinteile (Gummis, Lager, Kupferpaste, Lack etc.)	450 €
Kraftstoffpumpen (vorn und hinten)	315 €
Gurte (Schroth)	280 €
Drehzahlmesser (Zusatzinstrument)	280 €
Kühler überholen	260 €
Kurbelwellenlager	220 €
Überholung Bremsanlage (inkl. Leitungen)	220 €
Radbolzen und Schrauben	220 €
Räder (bei eBay ersteigert)	150 €
Wasserschläuche	130 €
Katalysator (bei eBay ersteigert)	120 €
Lenkrad (Sabelt, mit Nabe)	115 €
Motor-Silentblöcke	90 €
Motoröl 20 W 50 (4,5 Liter)	80 €
Spritleitung (Meterware)	68 €
Getriebeöl	65 €
Not-Aus-Schalter	50 €
Haubenhalter	45 €
Bremsflüssigkeit	45 €
Batterie	40 €
Abschleppösen	30 €
Kühlflüssigkeit	22 €
GESAMT	**9825 €**

Stand der Wagen wirklich lange auf feuchtem Boden? Selbst die Abgasanlage ist noch dicht

4 Nadeln wie Heuhaufen – aber Druckluft bläst der Natur den Marsch. **5** Wie einst Dornröschen, schlägt nun Schneeweißchen die Augen wieder auf. Nur der Motor gibt noch keinen Mucks von sich.
6 Mit der Knarre an die Kurbelwelle: Ohne große Anstrengung lässt der Motor sich drehen.
7 Noch ein Dornröschen-Moment: Nach dem Ausbau der Innenausstattung zeigt sich das Blech in verzinkter – und damit rostfreier – Pracht. Als hätte er in der Garage gestanden, nicht unter der Fichte.
8 Der Überrollkäfig aus dem Hause Wiechers steht zum Einbau bereit

FOTOS: MARC KEITERLIEG (9), A. PERKOVIC

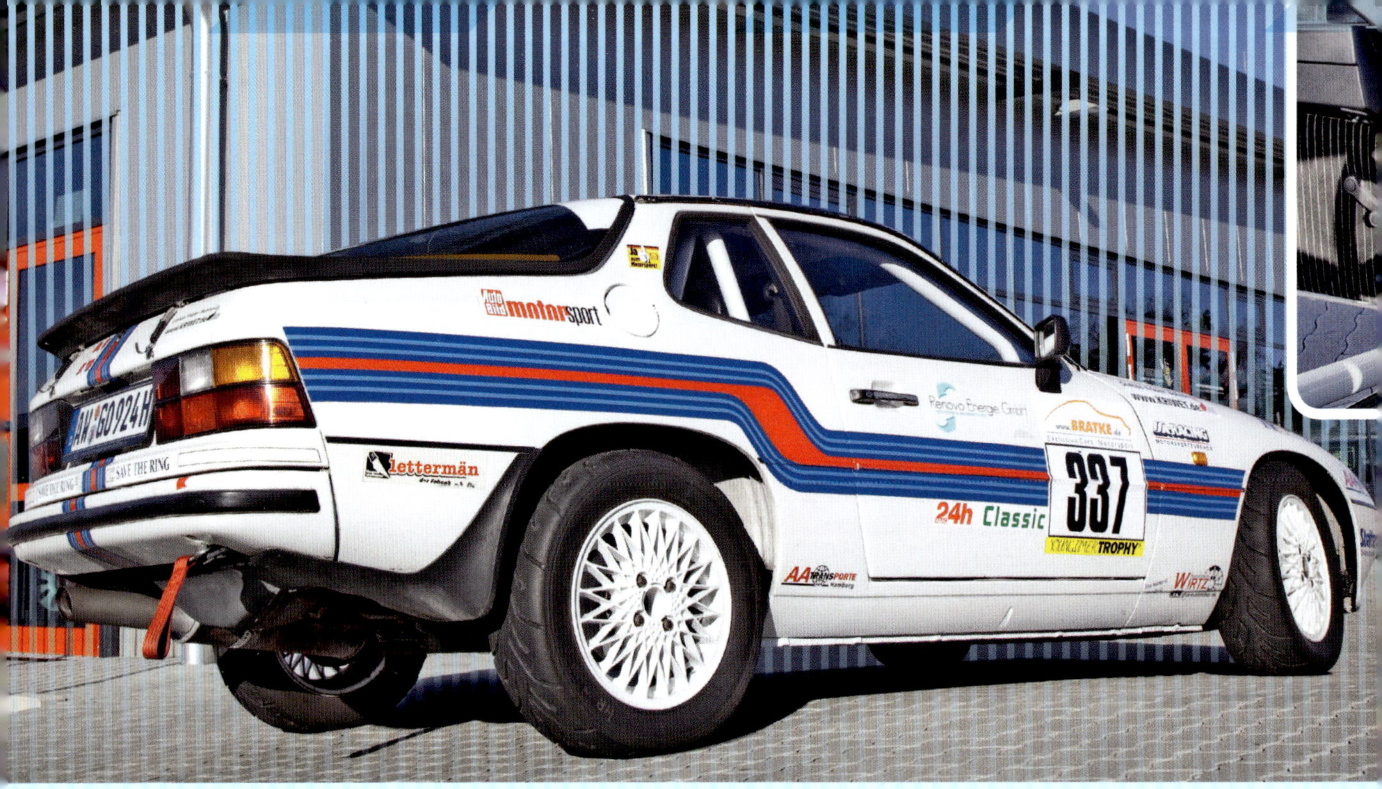

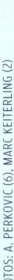

Noch ein Faktor, der die Kosten im Rahmen hält: Die Semi-Slick-Reifen von Yokohama sollen im Normalfall mindestens drei Rennen durchhalten

aus der Eifel an den Start gehen. Außer dem Käfig muss ein Fahrersitz nach FIA-Norm ins Auto und Gurte nach den Bestimmungen des Deutschen Motorsportbundes DMSB, ein griffigeres Sportlenkrad, Semi-Slick-Reifen von Yokohama mit Straßenzulassung – die halten etwa drei Rennen lang –, dazu Regenreifen.

Überspachtelte Rostlauben schließt Ralf Zensen kategorisch aus: „Es ist selbstverständlich, dass es sich um eine absolut intakte Karosserie handeln muss. Im Ernstfall müssen die Bleche auch noch was abkönnen."

Der Motor widersetzt sich zunächst allen Startversuchen. Weil das beste Pferd eben nicht ohne Futter kann – beide Kraftstoffpumpen (eine sitzt im Tank) hatten den Dienst auf Dauer quittiert. Als dann der Sprit wieder durch die glücklicherweise intakte Bosch-K-Jetronic fließt, dreht der von Audi entwickelte Vierzylinder los. Unauffällig, sämtliche 125 PS sind da.

„Die Kompression war total okay. Aber aufgrund der langen Standzeit haben wir trotzdem die Kolbenringe erneuert und das Kurbelwellenlager zum Motor getauscht. Ansonsten ist alles gereinigt worden. Darüber hinaus gab es neue Silentblöcke."

Erfreulich wenig Aufwand verursacht die Bremsanlage: neue Bremszylinder hinten, frische Belege vorn, Leitungen erneuert – der kleine Porsche verzögert exakt nach Plan. Was noch? Sämtliche Betriebsmittel werden getauscht, die alten Stoßdämpfer fliegen raus, der Kühler bekommt ein neues Netz, die Wasserschläuche kommen ebenso neu ins Auto wie verschiedene Gummis und die Spurstangenköpfe. „Neben dem Sicherheitsaspekt treibt dich auch der Gedanke ans Startgeld. Das liegt bei 600 bis 800 Euro pro Rennen – klar, dass wir bemüht sind, alle möglichen Fehlerquellen auszuschließen", sagt Zensen. Der alte Auspuff, durch einen Katalysator ergänzt, ist völlig dicht. Die Hauptuntersuchung besteht der Porsche 924 ohne Mängel.

Da die Männer nicht im Scheunenfund-Stil starten wollen, bessern sie den Lack aus, folieren den Wagen in Martini-Optik und ersteigern bei eBay bestens erhaltene Räder.

Nicht in den Kostenrahmen des Autos ist die Fahrerbekleidung eingerechnet: Helm, Overall, feuerfeste Unterwäsche, die Kopf- und-Nacken-Stütze HANS (Head And Neck Support). Hier ist nix klassisch, sondern alles auf dem neuesten Stand.

Den ersten Start unter Wettkampfbedingungen legen Zensen und Gehlen im Rahmenprogramm des 24-h-Rennens auf der Nürburgring-Nordschleife hin. „In der Qualifikation lief alles rund, im Rennen war nach zwei Runden Feierabend", erzählt Frank J. Gehlen. Ursache: ein zunächst unentdeckter alter Kabelbrand. Nach der Reparatur zeigt die Formkurve des Teams schnell steil nach oben. „Beim Eifelrennen konnten wir dann einen zweiten Platz in der Klasse und dazu die schnellste Rundenzeit in unserer Klasse reinfahren. Beim Saisonfinale der Renngemeinschaft Bergisch Gladbach haben wir uns unseren ersten Klassensieg geholt", zählt Zensen zufrieden auf.

Und fährt fort: „In diesem Jahr wollen wir so viele Rennen fahren wie möglich und vielleicht noch einen zweiten 924 aufbauen. Ein Kumpel hat jetzt auch Blut geleckt." Für zehn Mille in den Rennsport – die Nummer findet Nachahmer.

FAZIT

Okay, Motorsport ist nie ein wirklich günstiges Hobby. Wer jedoch schrauben kann und Engagement zeigt, kommt mit einem überschaubaren Budget zu einem grandiosen Hobby. Vorsicht jedoch: Wer einmal in der Szene unterwegs ist, kommt kaum noch weg davon ...

FOTOS: A. PERKOVIC (6), MARC KEITERLING (2)

1 Kleines Renn-Rad statt des originalen Porsche-Volants – denn das ist schlicht zu unhandlich für den Rennbetrieb. **2** Die Motorhaube muss im Notfall sofort aufgehen – statt der serienmäßigen Haubenentriegelung trägt der 924 Schnellverschlüsse und diese selbst gemachte Schlaufe. **3** Bitte Platz nehmen: Der Einstieg scheint sportlich, ist aber für einen Rennwagen sehr bequem

Mit durchschnittlich 117,18 km/h bezwingt der 924 die Grand-Prix-Strecke des Nürburgrings

Ziel erreicht

Frank J. Gehlen (l.) und Ralf Zensen starten bei der Youngtimer Trophy (Fahrzeuge bis Baujahr 1994) in ihrem Porsche 924 – für weniger als 10 000 Euro

9825,– €
GESAMTINVESTITION

So kommt Musik in den Klassiker

Musik im Auto galt in den 50ern als letzter Schrei. Heute adelt ein korrektes Radio jeden Klassiker. Wann lohnt sich der Kauf?

Nie war Musik unterwegs so preiswert wie heute. Für eine Handvoll Euro bieten Geräte im Bonsai-Format Erstaunliches. MP3-Player sind zwar kaum größer als ein Feuerzeug, spielen aber Musik, die für eine lange Reise quer durch Europa reicht. Ohne Wiederholung.

Gewaltig, dieser Fortschritt. Wie mühevoll die Anfänge mobiler Unterhaltung waren, ahnt die iPod-Generation nicht. Als jedoch in den 30er-Jahren das Radio seinen Weg ins Auto fand, war der sperrige Aufbau nur eines von zahlreichen Problemen. Mehrere voluminöse Apparate waren zu montieren. Einer enthielt einen Elektromotor samt Dynamo, der Hochspannung erzeugte. Ohne die arbeiteten die Röhren nicht.

Die teuren Anlagen benötigten eine Menge Raum. Sie setzten zudem so viel Wärme frei, dass ein Autoradio damals nicht nur Musik spielte, sondern auch die Beine aufheizte. „Das waren kleine Kraftwerke", sagt Rainer Königs, Autoradio-Experte aus Haan. Im Handumdrehen saugten sie die Batterien leer.

Bis in die 60er-Jahre kamen Umformer zum Einsatz. Ein Zerhacker stellte mechanisch aus Bord-Gleichspannung eine Wechselspannung her. Nur so lie-

Das ist der optimale Fall: Im Schacht sitzt das originale Radio, hier noch mit Kassettenspieler, wie es 1998 üblich war - selbst in noblen Modellen wie einem Mercedes-Benz Sl der Baureihe R 129

Autoradios galten über Jahrzehnte als Luxus

FoMoCo (1953) In den USA zählten Autoradios schon in den 50ern zum Standard. Langweiliges Design war verboten, wie dieses Ford-Radio beweist

Blaupunkt (1960er) Das herausnehmbare Blaupunkt-Radio passt in jeden Picknickkorb. Populär jedoch wurden sogenannte Quick-Outs erst später

FOTOS: M. BRASS, HERSTELLER

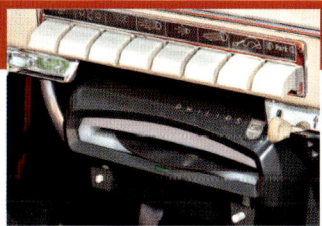

Philips Auto Mignon (1958) Vor Casette, CD und MP3 gab's echte Plattenspieler fürs Auto. Dieses Modell ist in einer Borgward Isabella verbaut

Becker Autophon (1948) Mit handgeschriebener Skala und Röhren aus Militärbeständen: Das Autophon war das erste Becker-Radio. Es entstand in einer Auflage von 400 Exemplaren. Der Zerhacker saß in einem eigenen Gehäuse

Becker Monaco (1952) Mercedes-Hausmarke Becker lieferte das Monaco für den 170 und 220 - programmierbare Schnellwahltasten boten besonderen Luxus

Blaupunkt Frankfurt (1972) Dieses Mittelklassemodell stattete Blaupunkt mit fünf Stationstasten aus. Es war weit verbreitet und in verschiedenen Ausführungen im Angebot

Ablenkung Jahrzehnte vor dem Smartphone: Erstmals gab's in den späten 1950ern Musik nach Wunsch im Auto. Dieser Philips-Plattenspieler erforderte aufmerksame Bedienung durch die charmante Fahrerin des Volvo Amazon

ßen sich aus zwölf Volt die nötigen 200 bis 300 Volt herstellen. Die Röhren forderten jedoch wieder Gleichspannung; Gleichrichter lösten das Problem.

So weit, so kompliziert. Doch trotz des Aufwands war ungetrübter Musikgenuss im Fahrbetrieb nur möglich, wenn Experten zuvor den Wagen korrekt entstört hatten. Das war eine Kunst für sich, bis weit in die 60er-Jahre: Mit „singendem Prasseln" bis zu „rhythmischem Knacken" beschrieben Listen die Störungen.

Ursachen konnten Scheibenwischermotoren, Lichtmaschinen, aber auch die statische Aufladung der Reifen sein. Störung für Störung wurde mit speziellen Kondensatoren, Widerständen und Schleifkontakten eliminiert.

Das Wirtschaftswunder weckte wieder Lust aufs Leben. Und immer öfter war Musik dabei. Anfangs

konstruierten die Radio-Ingenieure für den Brezel-Käfer, den frühen Porsche 356, einen BMW 507 oder auch den großen Mercedes Adenauer noch aufwendige Sonderlösungen. Sie nutzten trickreich den vorhanden Raum hinter dem Armaturenbrett, so gut es ging.

Doch der Trend wies längst zum Standard-Einbauradio. Es ließ sich in großen Stückzahlen preiswert fertigen. Als Zubehör orderte der Kunde Knöpfe und Blenden, die zu seinem Fahrzeug passten. Erst die Einbausätze verwandelten ein gewöhnliches Blaupunkt Frankfurt in ein schickes Borgward-Isabella- oder ein Ford-Weltkugel-Radio.

Doch exakt diese Teile sind heute oft superrar. Schon der Zinkdruckguss der Blenden wirft manche Frage auf. Seine materialbedingten Ausgasungen verursachen immer wieder Pickel im Chrom. Mitte der 60er-Jahre waren die gro-

ßen, heißen Röhren bereits Geschichte. Kleine, unempfindliche Transistoren ersetzten sie. Die Radios schrumpften weiter. Jetzt gelang es den Herstellern erstmals, alle Bauteile in ein Gehäuse im neuen Normformat zu packen, das 55 Millimeter Höhe maß und 180 Millimeter Breite.

„Immer noch werden Armaturentafeln zersägt, um Radios einzubauen", klagt Königs, „inklusive Zierleisten." Er hält dagegen. Sein Rat ist simpel: „Mit etwas Geduld lässt sich für jeden Klassiker ein passendes Radio finden." Geräte aus populären Baureihen sind noch heute recht einfach zu entdecken. Ein Blaupunkt Emden für den Käfer 1303 gibt es für knapp 200 Euro, das Modell Frankfurt für den frühen Porsche 911 kostet um 280 Euro. Für ein Becker-Röhrenradio, das in den Mercedes 300 Adenauer passt, sind dagegen über 1200 Euro aus-

zugeben – jeweils restauriert und mit Garantie.

2006 hat der Traditionshersteller Becker sich – trotz seiner inzwischen amerikanischen Mutter – auf alte Werte besonnen. Das neue Retro-Mexico betört mit historischer Nadelstreifen-Front, glänzt in verchromtem Guss und navigiert, funkt Bluetooth und vieles mehr. Ab 1300 Euro hielt damals die Moderne im Klassiker Einzug. Dort, wo es einst Nadelstreifen-Radios gab, war es manchem eine Sünde wert (siehe Kasten rechts). In Mercedes-Modelle der 60er und frühen 70er passt es. In einem 300 SL dagegen bleibt es fremd.

Welche Radiomodelle in den eigenen Oldtimer passen, zeigen alte Zubehörlisten. Zeitgenössische Tests können ebenso weiterhelfen. Auch Klubs bieten oft die nötigen Informationen. Defekte Radios stellen Profis nur selten vor unlösbare Probleme. Was sich reparieren lässt? Rainer Königs antwortet mit seiner Faustformel: „Alle Marken. Nur bei Kassetten- und CD-Spielern kann es Probleme geben." Beim Abspielen neuerer Kassetten und CDs zeigen sich alte Geräte mitunter überfordert.

Nichts mehr zu retten ist oft auch, wenn überforderte Bastler neuzeitliche Elektronik in alte Radios gelötet haben. „Ich würde doch in einen Chronometer auch kein billiges Quartz-Uhrwerk bauen", sagt Rainer Königs.

**Blaupunkt „Schwanenhals"
(1970er)** Das legendäre Bedienteil sorgte mit Leuchtdioden bei Technikfans für Verzückung. Und heute für Ärger: Das Plastik altert

Becker Mexico Compact Disc (1986)
Mit viel Technik versprach die CD in den 1980ern neuen Musikgenuss, Die Radios waren enorm teuer - und blieben daher selten

Audi delta (Ende 1990er) In noblen Modellen wie dem Audi A8 kamen mitunter sehr spezielle Geräte zum Einsatz. Reparaturen sind eine echte Herausforderung für Profis

Retro-Radios verstecken neue Technik

Im alten Look, doch mit neuer Technik meldete sich Becker 2006 zurück. Mit 1300 Euro fiel das Gerät sehr teuer aus, teilweise werden heute sogar 5000 Euro gefordert

Retrosound bietet aktuell moderne Radios mit simpler Technik und historisierender Optik an – es gibt eine Vielzahl an Blenden und Knöpfen. Die Preise starten bei rund 200 Euro

Obwohl es meist keine allzu große Hürde darstellt, ein originales Radio für seinen Klassiker zu finden (oder ein vorhandenes zu reparieren), gibt es eine Nische: Mancher wünscht sich ein Gerät mit moderner Technik – und findet verschiedene Offerten. Einen Namen gemacht hat sich Retrosound, die eine große Bandbreite an Blenden, Knöpfen und Skalen anbieten. Die Oldtimerzulassung steht dabei nicht auf dem Spiel, wenn die richtige Optik gewählt wird und im ausgeschalteten Zustand keine digitalen Anzeigen zu sehen sind. Als simple und charmantere Alternative gelten jedoch via nachrüstbarem Adapterkabel aufgeschaltete Smartphones oder Tablets: Sie können alles, von Radio über Podcasts bis hin zur Navigation, sind meist sowieso vorhanden und belassen die historische Technik dort, wo sie hingehört – im Armaturenbrett.

Er zeigt auf ein zerstörtes Brezel-Käfer-Radio, ein Becker Monza: Der Rahmen ist zersägt, die historische Technik entsorgt. Ein Billigradio der 80er tönt heute hinter der alten Fassade. Im Originalzustand würde das Monza rund 3500 Euro kosten. Jetzt ist es fast wertlos.

Dabei sind frühe Radio-Exoten oft pflegeleichter als Kassetten-Geräte der 70er und 80er. Denn während sich Zerhacker und Röhren, aber auch Reibrollen und Antriebsgummis schnell und problemlos tauschen lassen, sorgen kleine Kunststoffformteile der Laufwerke für unlösbare Probleme: Sie verziehen sich oder brechen. Nachfertigungen lohnen sich nicht.

Doch das bedeutet nicht das Aus. Denn problemlos lassen sich MP3-Player an historische Autoradios anschließen, ein Adapterkabel (28 Euro, Königs) macht es möglich.

FAZIT

Musik war der Luxus von einst. Das Radio spielte früher daher eine wichtige Rolle, auch durch sein Image des teuren Extras. Heute rundet es als Accessoire die Wirkung eines Oldtimers ab. Der Aufwand, ein passendes und funktionierendes Modell zu finden, ist meist überschaubar – und die Segnungen moderner Kommunikation via Smartphone sind ja sowieso an Bord.

Service und Handel

In Deutschland gibt es einige Anbieter, die sich auf historische Autoradios spezialisiert haben. Als ausgewiesener Sammler, Archivar, Händler und Restaurierer gilt Rainer Königs aus Haan (www.koenigs-klassik.radios.de). Er betreibt sogar ein eigenes Museum, das alles rund ums Autoradio zeigt und für Besucher geöffnet ist. Weietere spezialisierte Anbieter sind Peter Wallich (www.youngtimerradio-shop.de) und Marco Melis (www.klassikerautoradio.de)

Sammler, Radiofan und Profi für den guten Ton: Rainer Königs

Für Spezialisten bergen Autoradios nur wenige unüberwindbare Probleme

An die meisten Radios können Profis mit geringem Aufwand MP3-Eingänge anschließen

Erstaunlich groß ist heute die Auswahl an Radios aus allen Epochen. Gesuchte Exemplare können dennoch teuer sein

Einige Hersteller wie Becker lieferten spezielles Ausbauwerkzeug mit. Ohne diese Schlüssel gelingt das Lösen aus dem Schacht nicht

Selbst für ältere Röhrenradios haben Profis Ideen: Vom Lautstärke-Potenziometer führen sie ein Kabel nach außen. Daran lässt sich sogar ein Mini-UKW-Radio anschließen. Eine gute Lösung. Nicht nur, dass der simple Technikeingriff jederzeit rückgängig zu machen ist. Auch der Ton passt zum Klassiker. „MP3 auf Röhre klingt grandios", schwärmt Königs: „So warm und so voll. Ein wahres Erlebnis."

So neu kann alt sein

Eine Mercedes Pagode mit 279 PS oder 363 PS in einem Jaguar Mk II: Ist das alles grober Unfug? Vielleicht. Aber einer, der auf der Straße dann doch unverschämt viel Spaß machen kann

■■■ Sie lieben das Original? Blicken gern auf unverfälschte Technik? Sie fühlen, hören und riechen am liebsten das Echte?

Hm. Dann warten hier wahre Schocker auf Sie. Tarnen und Täuschen ist die Devise der „New Techs", die aussehen wie Oldtimer, aber unter ihrem Blech genug Dampf haben, um den Asphalt aufzureißen. Moderne Technik schiebt Autos wie den M-SL von Mechatronik voran.

In seinem früheren Leben war der eine klassische Pagode. Ein schöner Wagen mit Finesse für den Gentleman. Oder für eine Dame mit Handschuhen, damals, in den 60ern. Sein Auftritt hat sich durch den Umbau kaum geändert. Er mag nicht auffallen. Und tut es doch,

wenn er die linke Spur beherrscht. Sein Fahrwerk steckt das weg. Es ist sorgfältig überarbeitet.

Mehr Aufwand musste der neuseeländische Jaguar-Spezialist Beacham betreiben. Er schraubte die XJR-Technik erst unter die Mk-II-Hülle, nachdem er die Karosserie umfangreich versteift und hinten unabhängig aufgehängte Räder implantiert hatte.

Niemand braucht solche Autos. Aber es gibt sie, weil sie unbändigen Fahrspaß bieten. Weil sie zuverlässig sind, dazu schön und einzigartig, sogar legal. Nur eines sind sie nicht: authentisch.

„Na und?", fragen ihre Besitzer. Und genießen ihre eigene Interpretation klassischer Schönheit. Ganz ohne H-Kennzeichen.

Dieser SL schöpft aus dem Vollen

Außen übt sich die Pagode dezent im klassischen Auftritt. Und kein Betrachter ahnt, dass sich unterm Blech ein moderner 4,3-Liter-V8 breitgemacht hat

Sie restaurieren, rüsten aber auch auf – ganz nach Wunsch: Mechatronik in Pleidelsheim

Mercedes 280 SL in Mechatronik- M-SL-430-Spezifikation

Stück für Stück von Hand gebaut

Es dauert Wochen, bis aus einer Serien-Pagode ein M-SL heranwächst (1). Der Chrom wird im Haus überarbeitet (2). Nur knapp passt der V8 unter die vordere Haube (3). Ausgebaute Technik geht an den Kunden zurück, wird eingelagert oder in Zahlung genommen (4). Die aufgerüsteten Pagoden erhalten ein spezielles Fahrwerk (5) und innenbelüftete Bremsscheiben an der Vorderachse – ABS gibt's auf Wunsch (6). Mechatronik verspricht, dass sich alles spurlos zurückbauen lässt

Diskrete Zeugen des Umbaus: Über die Funktion von ABS und ASR informieren Leuchtdioden

Lahm war ein 280 SL auch früher nicht. Doch heute reicht der Tacho bis 260 km/h – zu Recht

Der Schocker wartet unter der Motorhaube: Statt des guten, alten Grauguss-Reihen-Sechsers füllt ein üppiger V8 den Raum bis in den letzten Winkel. Stilsicher bleibt dagegen das Interieur. Doch die Mittelkonsole samt Schaltung verrät dem Kenner den Umbau

Ein Becker Mexico, ja – aber mit modernster Technik wie Navigation und Bluetooth

Der M-SL fährt, wie er aussieht: perfekt. Das Handling ist ausgewogener als beim Original, und Leistung gibt es in allen Lebenslagen mehr als genug. Trotz seiner 279 PS wirkt der SL nie überfordert, sondern stets mit sich im Reinen

TECHNISCHE DATEN

Mercedes 280 SL M-SL 430 Mechatronik

V8-Motor (Bauart M 113) • Hubraum 4266 cm³ • Leistung 205 kW (279 PS) bei 5750/min • max. Drehmoment 400 Nm bei 3000/min • Hinterradantrieb • Fünfstufen-Automatikgetriebe • Sonderfahrwerk mit progressiven Federn und einstellbaren Stoßdämpfern • vorn innenbelüftete Scheibenbremsen • Vier-Kanal-ABS (auf Wunsch) • Reifen 205/65 VR 15 • 0-100 km/h in 6,5 s • Spitze 240 km/h (abgeregelt)

Preis	168 980 Euro (nur Umbau)

■ Schauplatz Autobahn, linke Spur. Keiner rechnet hier mit einem Oldtimer, der lässig mit Tempo 220 km/h unterwegs ist. Ist er aber, der Mechatronik-SL: Erst bei 240 km/h regelt ihn die Elektronik ab. Puste hätte er da noch.

Die Pagode nimmt das souverän, was für zwei Dinge spricht: Mercedes hat sehr gute Autos gebaut. Und Mechatronik, die Manufaktur in Pleidelsheim, hat diese Basis konsequent weiterentwickelt.

Fast 50 Experten arbeiten hier für Firmenchef Frank Rickert, der früher bei AMG Prototypen baute. 1997 hatte Rickert das erste Mal in der beschaulichen Pagoden-Welt gezündelt. Ein Jahr lang tüftelte der Ingenieur mit seinem Team, bis das damals nagelneue V6-Triebwerk unter die Haube der klassischen SL-Baureihe passte.

Schwer gedopt trat die Pagode zu ihrer ersten Testfahrt an. Das Entsetzen war groß, und Frank Rickert bezog eine Menge Prügel aus der Oldtimerszene. Ein Sakrileg sei das. Und: Der Mann habe ja kein Gespür für alte Technik.

Doch Rickert sah genau hin. Er registrierte das breite Grinsen, das sein schneller SL auf die Gesichter der Piloten zauberte. Auch auf die der lauten Kritiker. Vielleicht, dachte Rickert, ist der Markt noch nicht reif. So kümmerte sich Mechatronik zunächst hauptsächlich um die originalgetreue Restaurierung von Mercedes-Klassikern. Die „New Techs" blieben ein Randgeschäft.

Doch in letzter Zeit stieg die Nachfrage spürbar an. Mechatronik-Kunden wohnen in Deutschland und Südafrika, Japan und Südkorea. Einige besitzen Oldtimer, viele nicht: Sie wollen nur den Genuss, aber jeden Stress durch altersmüde Technik oder Ersatzteilprobleme vermeiden.

Heute liefert Mechatronik allein die Pagode in drei Leistungsstufen. Neben dem üppigen 4,3-Liter-V8 passt auch der kleinere V6 (2,8 oder 3,2 Liter) unter die Haube, auf speziellen Wunsch sogar mit Kompressor.

Doch es ist nur eine Sache, starke Motoren zu implantieren. Und eine andere, solche Autos fahrbar zu machen. Das ist Mechatronik gelungen: Die Pleidelsheimer bauen ein eigenes Fahrwerk und eine bessere Bremsanlage ein, rüsten auf Wunsch ABS und ASR nach. „Wir basteln nicht", betont Rickert, „wir konstruieren." So wird die Technik dem Auto angepasst, nicht umgekehrt. Die Karosseriestruktur tasten die Mechatroniker nicht an. „In kürzester Zeit", verspricht Rickert, „ist unser Umbau komplett rückrüstbar." Theoretisch zumindest.

Selbst der TÜV sah kein Problem, dem M-SL Brief und Siegel zu geben. Inzwischen hat eine gewisse Kleinserien-Routine Einzug gehalten, sogar eine fixe Preisliste gibt es: Knapp 170 000 Euro kostet der Umbau auf den 279 PS starken V8-Motor samt Fünfstufenautomatik – die Anlieferung einer guten Pagode vorausgesetzt. Wer mag und zahlen kann, bekommt auch einen starken W111 (bis zu 5,0-Liter-V8 und 306 PS). Oder andere Modelle, Rickert versteht sich als Prototypenbauer. Was es selbst für viel Geld nicht gibt, sind ESP, Airbags oder Xenon-Licht: „Das passt nicht. Und der Aufwand wäre viel zu hoch."

Es wird weitergehen. So legt der Erfolg der schnellen Pagode nahe, über den 190 SL nachzudenken. Der war schon für den Geschmack der 50er mit einem müden Motor gestraft. Oder was wäre mit einem /8 CDI?

ADRESSEN

Mechatronik, www.mechatronik.de
Beacham, www.beacham.co.nz

Kein ungenutzter Millimeter: Im Mk-II-Motorabteil breitet sich nach der Beacham-Kur der vier Liter große Kompressor-V8 aus dem Jaguar XJR aus

Der Doktor und das ganz legale Doping

Ein Arzt und Jaguar-Spezialist aus Neuseeland rüstet klassische Modelle wie den Mk II mit moderner Technik auf. Dann toben schon mal 400 PS unter der Haube

Weit weg sitzen sie, die Jaguar-Experten des Dr. Beacham. Sehr weit weg, weiter geht es nicht. Aus Sicht der meisten Kunden. Aber an dieser Geschichte ist auch sonst nichts normal: Der Neuseeländer Greg Beacham ist praktizierender Allgemeinmediziner, verheiratet und Vater von neun Kindern. Und er hat sein Auto-Hobby zum Beruf gemacht. Schon als Student schraubte er an alten Jaguar-Modellen.

Rund 30 Jahre ist das her. Heute kümmert sich eine Armada von Angestellten um die Restaurierung von Kundenautos. Und um die Nachrüstung mit moderner Technik: Sie hat Beacham in aller Welt zum Begriff für schnelle Jaguar gemacht. Korrekt heißen sie nicht mehr Jaguar, sondern Beacham Mk II V8, Beacham E-Type V8, Beacham XK 150 V8.

Damit ist das Wichtigste gesagt: Dem Doc ist es gelungen, V8-Technik aus den Jahren 2000 bis 2003 so mit dem alten Blech zu vermählen, dass tatsächlich fahrbare Autos herauskommen. Je nach Spezifikation nimmt ein Beacham Mk II die 400-PS-Hürde.

Einige der neuseeländischen Schöpfungen sind in Deutschland zugelassen. „Die Abnahme war aufwendig, hat aber funktioniert", sagt Torsten Handrich, der einen Mk II V8 als Firmenwagen bewegt.

Beacham geht die Umbau-Aufgabe radikal an. Einige Hundert Stunden dauert allein das Schweißen der rundum verstärkten Rohkarosserie. „Wir haben das alte Design nur als Basis genommen und so weiterentwickelt, dass es

die Technik der XJR aufnehmen kann", sagt Greg Beacham. Zum Beispiel die Hinterachskonstruktion mit ihren unabhängigen Radaufhängungen, die Beacham kürzt und mit eigens gegossenen Lenkern ausstattet. Auch die Vorderradaufhängung ist modifiziert, und beim Lenken hilft eine elektrische Servopumpe. Sie stammt von Renault.

Von möglicher Rückrüstung spricht Greg Beacham nicht. Schon diese Idee findet er seltsam. Schließlich sind die Neuseeländer stolz darauf, als Einzige den legendären Jaguar Mk II ernsthaft weitergedacht zu haben.

Handrich, der deutsche Beacham-Besitzer, ist begeistert von der Hightech-Tüftelei. „Die haben erstklassige Handwerker", sagt er, „doch auch sie schaffen es nicht, aus einem Jaguar ein zuverlässiges Auto zu machen." So können im Alltag nur Leidensfähige mit einem Beacham glücklich werden. „Ohne Ersatzfahrzeug geht es nicht", sagt Handrich, der an manchen Tagen 1000 Kilometer mit seinem Mk II fährt. Das klappt nicht immer.

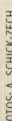

BEACHAM

Dafür bietet der Neo-Klassiker Komfort und Sicherheit, die einem XJR kaum nachstehen. Fahrer und Beifahrer haben nicht nur je einen Airbag vor sich, sondern dürfen sogar auf Seitenairbags vertrauen. ABS und große Bremsen sind selbstverständlich, eine Klimaautomatik und Tempomat ebenso. „Meine Philosophie ist", sagt Greg Beacham, „den Leuten einen klassischen Jaguar zu bieten, ohne dass sie Kopfschmerzen davon bekommen." Der Preis des legalen Dopings: rund 150 000 Euro.

Handrich hat das Paket überzeugt, trotz modernen Armaturen und Schalterlandschaften aus Plastik. Er besitzt einige Oldtimer, vier lässt er in Neuseeland zurzeit restaurieren. Einen 1937er Rolls-Royce Phantom III zum Beispiel, den Beacham mit Scheibenbremsen und ABS nachrüstet. Für seinen Bentley S3 hat er dagegen einen rund zehn Jahre alten Bentley Turbo-Motor ausgesucht. Sorgen, ob es klappt, macht sich Handrich nicht: „Beacham gibt sich sensationell viel Mühe."

FAZIT

Darf man das – moderne V8-Motoren unter altes Blech schrauben? Klar doch. Wer aber so radikal Technik umkrempelt, verliert das, was er eigentlich suchte: das unverfälschte Gefühl von damals, als Pagode oder Mk II neu waren. Davon erzählen die hochgezüchteten Klassiker nichts mehr. Zu extrem ist ihr Spagat zwischen gestern und heute. Aber dann verführen sie doch, die neuen Alten. Und siehe: Das Fahrerlebnis ist gewaltig – Respekt vor so viel ingeniöser und handwerklicher Finesse. Eine Bitte aber an alle: Finger weg von jedem liebevoll gepflegten Original! Solange mürbe Zustand-4-Autos als Basis dienen, spricht (neben den Kosten) höchstens der persönliche Geschmack dagegen. Und über den lässt sich bekanntlich kaum streiten.

Viele schwarze Knöpfe führen in die digitale Welt – mit Klassik hat das nichts mehr zu tun

Im Beacham Mk II prallen Welten aufeinander: Die enge Architektur des klassischen Jaguar-Aufbaus ist aufgefüllt mit modernen Standards. Vier Airbags sind dabei ebenso selbstverständlich wie eine Klimaautomatik

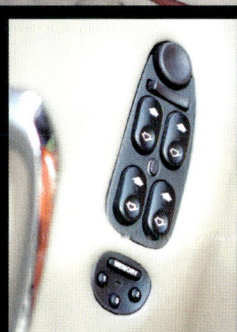

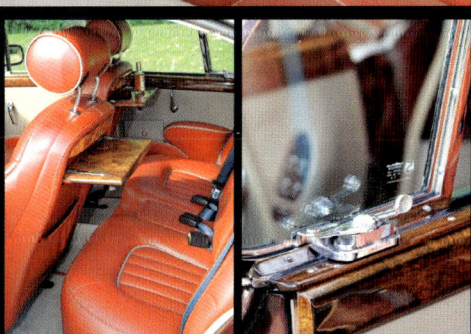

Statt kleiner Chromspiegel trägt der Beacham Mk II üppige Plastikohren. Gute Sicht ist sicher

TECHNISCHE DATEN

Beacham Mk II V8

V8-Motor (aus Jaguar XJR) • vier Ventile je Zylinder • Kompressor • Hubraum 3996 cm³ • Leistung 294 kW (400 PS) bei 6150/min • max. Drehmoment 525 Nm bei 3600/min • Heckantrieb • Fünfstufen-Automatikgetriebe • einstellbares Fahrwerk • rundum unabhängig aufgehängte Räder, hinten mit gekürzter XJR-Achse • ABS • Reifen 215/60 VR 16 • 0–100 km/h ca. 6 s • Spitze ca. 250 km/h

Preis	rund 150 000 Euro

Nur Experten ahnen, dass an diesem Jaguar Mk II etwas nicht stimmt. Wer ihn fährt, spürt es sofort: Der potente 4,0-Liter-V8 schiebt die Limousine mit unglaublicher Lässigkeit voran. Es ist ein beeindruckendes Erlebnis

4. Pflegen

So putzen Profis

Wer ständig auf Achse ist, hat ab und an etwas Pflege verdient. Nach knapp 40 000 Dauertest-Kilometern haben wir unseren tapferen Monza gründlich geputzt – und einen Experten gefragt, wie das am besten geht

FOTOS: G.V. STERNENFELS (19), DETLEF TIMM , M. HEIMBACH

■ Wir mögen ihn sehr, unseren Dauertest-Monza. So sehr, dass wir ständig mit ihm unterwegs sind. Durch Städte, über Land, auf Autobahnen. Ins Büro, zur Oldiemesse, zum Reiterhof, in den Kindergarten. Und auf Dienstreisen.

Eine dieser Fahrten führt uns zu Michael Marx nach Bad Rappenau. Der Mann reinigt Autos, und zwar so gut, dass er Profi-Aufbereiter schult. Er will uns helfen, am Monza die vielen Spuren zu beseitigen, die sein anstrengender Alltag an ihm hinterlassen hat.

Marx schmunzelt, als er unseren Monza sieht. „Klarer Fall", kommentiert der Mann, der privat einen Heckflossen-Mercedes fährt (und das jeden Tag). „Der Monza leidet unter einem Überschuss an Pflegemangel."

Oha! Wir waren etwas nachlässig mit unserem treuen Freund. Haben ihn bei jedem zweiten, dritten Tanken durch die Portal-Waschanlage gejagt, fertig. Das findet Michael Marx nicht schlimm: „Wenn die Bürsten weich sind und die

Anlage gepflegt ist, leidet der Lack darunter kaum." Nur alte Waschanlagen mit kratzigen Nylonborsten dürfen es nicht sein. Doch die sind selten geworden: Wer die Modernisierung verschläft, verliert schnell seine Kunden.

Zum Start unserer Rundum-Kur empfiehlt der Experte eine gründliche Reinigung der schmutzigsten Teile: der Räder. Schon ist die erste Grundsatzentscheidung zu treffen – greifen wir zu einem milden, neutralen Reiniger? Oder zu einem säurehaltigen, der es schafft, selbst starke Verschmutzungen wie goldbraune Einbrände noch zu lösen?

Doch was viel hilft, schadet oft auch viel. Bei Lackschäden kann die Säure unter den Lack kriechen und Teile davon lösen. Nie dürfen die Räder heiß sein, sonst frisst die Aggro-Chemie zudem Spuren in die Oberfläche hinein, die sich nicht mehr entfernen lassen. Auch darf ein säurehaltiger Reiniger nicht länger als zwei Minuten einwirken, bevor er wieder abgespült wird.

Gut, dass Michael Marx uns Laien zur sanften Methode rät. Der milde Reiniger kann nicht schaden, ordentlich helfen dagegen schon. Nach einer Einwirkzeit löst ein kräftiger Fassadenpinsel (ganz wichtig: keine Metall-, sondern Kunststoffummantelung!) den Schmutz. Das Ergebnis überzeugt uns.

Neben der Wahl der richtigen Produkte stellt sich allerdings noch eine andere Frage: Wo darf man heute noch sein Auto waschen? Kurze, klare Antwort: auf Waschplätzen, sonst nirgendwo. Doch die, die nicht zu Werkstätten gehören, verbieten in der Regel den Einsatz mitgebrachter Produkte – Klassiker-Pflege ist schwierig geworden, wenn's legal sein soll.

Das gilt ebenso für die Motorwäsche, ohnehin ein heiß diskutiertes Thema: Darf hier der Dampfstrahler ran? Nur mit großer Vorsicht, rät unser Profi. „Mit dem Wasserstrahl muss man bewusst arbeiten", sagt Marx, „und sollte nie auf Elektrik zielen." Ecken, Kanten und die Tiefen des Motorraums werden so je-

Schmutz abwaschen

Zehntausende Kilometer auf den Straßen, dazwischen nur ab und an ein Besuch in der Waschanlage: Unser Monza ist fällig für eine gründliche Reinigung. Besonders an den Rädern und im Motorraum hat sich Schmutz festgebacken. Mit speziellen Reinigern lösen wir ihn erst an, strahlen ihn dann mit warmem Wasser weg. Das ist heutzutage nur noch auf Autowaschplätzen erlaubt.

Matter Monza, schnelle Scheibe: Sie zaubert neuen Glanz auf den Lack

❶ Für die Monza-Räder genügt ein milder Reiniger. Säurehaltige Produkte sind wirkungsvoller, erfordern jedoch große Vorsicht **❷** Mit einer Bürste lässt sich der Schmutz gut lösen. Die Verfärbung zeigt das Ende der Einwirkzeit **❸** Warmes Wasser spült den Schmutz ab **❹** Im Motorraum arbeiten wir gezielt, die Elektrik bleibt unberührt **❺** Nach der Wäsche verdrängt ein spezielles Pflegespray restliche Feuchtigkeit und schützt vor Korrosion **❻** Es folgt eine Wäsche, weiche Textilwalzen sind Pflicht **❼** Von Hand trocknen wir den Lack **❽** und reinigen ihn mit spezieller Knetmasse

doch rasch sauber, bei dicken, öligen Schichten hilft ein zuvor aufgesprühter alkalischer Reiniger. Maximal handwarm sollte der Motor dabei sein, sonst trocknet das Mittel ohne Wirkung an.

Sauber sieht unser Monza nun aus, nicht einmal der Lack bereitet Kopfzerbrechen. Weiß ist eine dankbare Farbe: Zwar sieht man jeden Rostpickel sofort, doch matte Stellen oder Kratzer verschluckt die Oberfläche prima.

Alles bestens also? „Nein", sagt Michael Marx und fährt mit seinen Fingern prüfend über den Lack: „Da haften jede Menge Ablagerungen auf dem Lack." Oft sind es Metallpartikel, Abrieb von Eisenbahnen, dazu Teer, Baumharz und Insektenreste.

Lösen lässt sich dieser festgebackene Schmutz mit einer speziellen Knetmasse, auf Englisch: Clay, verspricht Michael Marx. Er spritzt Scheibenreiniger als Gleitmittel auf den Lack, dann schiebt er die Knetmasse darüber, hin und her, immer wieder – mit großem Erfolg: Glatt wie Glas fühlt sich der Lack anschließend an. „Der Clay bindet den Schmutz in sich", sagt Marx. Und ist ergiebig dazu: Ein Stück reinigt mehrere Autos. Zumindest, wenn es nicht vorher auf den Boden fällt. Der dadurch eingelagerte grobe Schmutz würde Kratzer in den Lack ziehen.

Dann geht es ans Polieren. Eine alte Weisheit dabei: Sanft beginnen, prüfen. Und nur

wenn es nötig ist nachschärfen. „Man muss mit dem Kopf arbeiten", sagt der Profi, „und immer in mehreren Stufen." Zwei, drei Poliergänge erfordert der verwitterte Monza-Lack, eine Arbeit, die ohne Maschine nur mit enormer Geduld zu erledigen ist. „Selbst dann erzielt eine Politur von Hand kein gleichwertiges Ergebnis", sagt Marx. Dazu kommt seine Erfahrung: Profis nutzen nie Kombiprodukte, sondern suchen für jede Teilaufgabe das optimale Mittel. Eine teure Poliermaschine kommt hinzu, die von Michael Marx kostet über 500 Euro. Er verrät, dass er mit einem Druck von bis zu zehn Kilogramm arbeitet, Baumarktgeräte zwingt das in die Knie. Nur das Wachs, nach der Politur der letzte Schritt in Sachen Finish, tragen selbst Profis von Hand auf.

Auch für die Reinigung des wundervollen grünen Monza-Velours im Inneren zeigt uns Marx seine Tricks. Wichtiges Werkzeug ist ein Schmutzpinsel, kombiniert mit einem Staubsauger. Den Schmutz zieht ein spezieller Polsterschaum aus dem Flor der Sitze, unterstützt von einer weichen Polsterbürste und Mikrofasertüchern.

Dann zeigt uns der Putz-Guru sein heißestes Teil: eine Reinigungspistole, Typ Tornador. In ihren Druckbecher füllt er Neutralreiniger, und los geht's: Wild wirbelt im roten, trompetenartigen Kunststoff-

Innenraum reinigen

Es ist ein kleines Wunder, wie frisch unser Monza nach knapp 200 000 Kilometern im Inneren noch aussieht. Das Velours zeigt keine Ermüdung, keine Ausbleichungen oder dünne Stellen. Gut, es ist etwas verschmutzt. Aber das ändern wir ja nun: Sogar die verstecktesten Ecken reinigen wir vom Staub der letzten Monate.

Lack polieren

Die eiserne Regel fürs Polieren: keine Ringe, keine Uhren, keine Gürtel – sonst drohen Kratzer. Und noch eine wichtige Vorgabe: Nie in der Sonne polieren Sonst fressen sich zähe Schlieren ein.

Chrom und Kunststoff pflegen

Auch für die Pflege von Chrom und Kunststoffen gibt es eine große Zahl an Pflegmitteln. Doch selbst das beste zaubert Steinschlagschäden nicht weg. Wichtig be der Kunststoffpflege: Sie sollte kein speckig wirkendes Silikon enthalten.

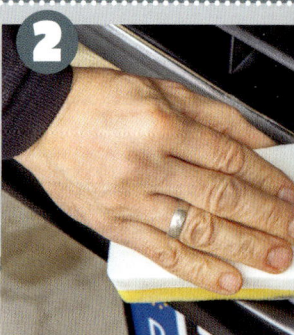

FOTOS: G.V. STERNENFELS (19), DETLEF TIMM, M. HEIMBACH

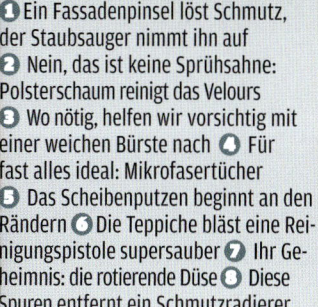

❶ Ein Fassadenpinsel löst Schmutz, der Staubsauger nimmt ihn auf ❷ Nein, das ist keine Sprühsahne: Polsterschaum reinigt das Velours ❸ Wo nötig, helfen wir vorsichtig mit einer weichen Bürste nach ❹ Für fast alles ideal: Mikrofasertücher ❺ Das Scheibenputzen beginnt an den Rändern ❻ Die Teppiche bläst eine Reinigungspistole supersauber ❼ Ihr Geheimnis: die rotierende Düse ❽ Diese Spuren entfernt ein Schmutzradierer

❶ Ein Polierball hilft bei der Handpolitur ❷ Zum Polieren braucht es Kraft ❸ Vor dem Antrocknen müssen Politurreste abgenommen werden ❹ Für Ecken eignen sich solche Schwämme ❺ Die Politur wird gleichmäßig aufgebracht ❻ Gewachst wird nur von Hand

❶ Steinschlagschäden wie hier lassen sich nicht mehr auspolieren ❷ Eine Chrompolitur nimmt den Stoßstangen ihren matten Schleier ❸ Hochglanz dank Mikrofasertuch ❹ Die Kunststoffe schimmern wieder matt

Putzen ist nicht gleich putzen: Pflege-Profi Michael Marx berät Monza-Betreuer Thomas Wirth

rohr eine Düse um ihre Achse. Dadurch entsteht ein starker Sog, wie ein Mini-Tornado eben, der sogar aus den Tiefen der Teppichschlingen sämtlichen Schmutz saugt. Selbst den, den kein Staubsauger schafft. Auch Sitze und Verkleidungen werden mit dieser Pistole (Preis: rund 120 Euro) beeindruckend schnell und gründlich sauber. Ein Tag Arbeit, dann ist unser Monza porentief rein. Nur wird das nicht lange so bleiben: Der Alltag wird schnell seine Spuren hinterlassen.

FAZIT

Das bisschen Putzen - kann tatsächlich eine Herausforderung sein. Mit passenden Produkten, handwerklichem Können und etwas Zeit gelingen jedoch kleine Wunder. Wer an der Fahrzeugpflege keine Freude hat, sucht sich nicht den nächstbesten Aufbereiter aus. Sondern einen mit Oldtimer-Erfahrung.

Der Trick mit den Hausmitteln

Es muss nicht immer die Spezialbürste sein. Mit Kreativität finden sich Helfer im Haushalt. Mit **Wattestäbchen,** in Reiniger getaucht, lässt sich der Schmutz aus den engen Fugen wischen.

Ein **Klebeband** sammelt Fusseln und Haare aus Polstern. Bei Verschmutzungen kann auch die Wurzelbürste helfen. Vorsicht, nicht zu stark drücken, sonst zieht sie Fäden aus dem Stoff.

Sammelt sich Staub in den Lüftungsgittern, hilft der **Pinsel** in Kombi mit dem Sauger. Die Pinselhaare sollten mit Kunststoff eingefasst sein, um Kratzer zu vermeiden (der weiße Ring am Pinsel).

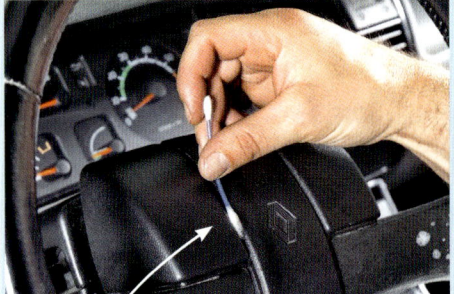

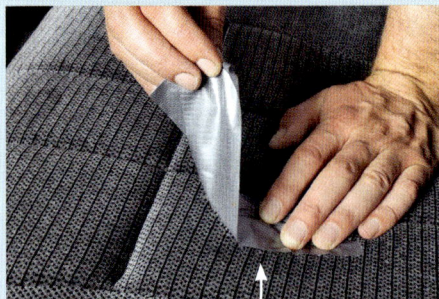

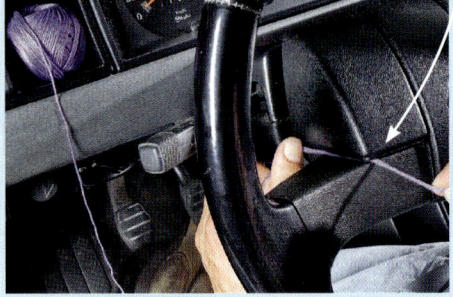

Für ganz Pingelige: Die Spitze eines **Zahnstochers** leicht aufkauen. Mit dieser Minibürste können Sie selbst engste Fugen vom Schmutz befreien. Am R11-Lenkrad hat es super funktioniert.

Mit einem **Wollfaden** lassen sich tiefe Fugen prima reinigen. Je nach Platz legt man den Faden doppelt oder dreifach. Zusätzlich kann er in Reiniger getaucht werden, um die Wirkung zu erhöhen.

Eine **Wurzelbürste** ist die Allroundwaffe bei starken Verschmutzungen. Sie erzielt bei Kunststoffen mit strukturierten Oberflächen die besten Ergebnisse. Vorsicht auf polierten Flächen!

schon gedeiht der Schimmel. Der Ursprung des Übels, seine Sporen, fliegt fast überall durch die Luft und wartet nur auf eine gute Gelegenheit, es sich gemütlich zu machen.

Wer den Ursprung kennt, kennt auch die Lösung: Weg mit dem Dreck und runter mit der Luftfeuchtigkeit. Wichtig beim Reinigereinsatz: das Kleingedruckte auf der Flasche studieren. Viele der angebotenen Mittel greifen Kunststoffe an. Beim Einsatz muss mit viel Wasser nachgespült werden. Ein Hausmittel ist das Mischen von Mehrzweckreinigern mit Essig, siehe Tabelle unten.

Im Sommer, also während der Klassikersaison, hat man in der Regel Ruhe vor Schimmelattacken. Der Innenraum wird beim Fahren durch das Gebläse und die Heizung ausreichend getrocknet. Hier ist es wichtig, auf Wassereinbruch zu reagieren und poröse Dichtungen schnell auszutauschen – Feuchtigkeit muss aus dem Wagen unbedingt ferngehalten werden.

Problematischer ist die Zeit im Winterlager. Wer sein Auto vorbereitet, schützt den Oldie vor Schimmelpilzen. Erste Regel: Den Wagen an einem möglichst trockenen Tag abstellen. Den Innenraum gründlich reinigen, gerade die Kontaktstellen wie Lenkrad, Schaltknauf oder Sitzverstellung mit einem Reiniger abwischen. Zusätzlich einen Innenraumtrockner in den Beifahrerfußraum stellen. Einfache Granulattrockner brauchen keinen Strom, kosten um die 15 Euro. Da sich das Wasser im Behälter sammelt, muss er allerdings regelmäßig kontrolliert werden.

Nach der feuchten Innenraumreinigung muss der R11 gründlich trocknen

Das hilft gegen Flecken

Verschmutzung	Das wird benötigt	So wird's gemacht*
Batteriesäure	Speisesoda, Kaiser-Natron	Mit Wasser mischen, betroffene Stelle reichlich mit Lösung spülen, gründlich aufwischen
Blut	kaltes Wasser, Eiswürfel, Reiniger	Fleck kühlen, dann mit feuchtem Tuch abtupfen, nicht reiben; anschließend mit Reiniger behandeln
Bonbons	heißes Wasser, Tuch	Tuch in heißes Wasser tauchen und klebrige Reste wegreiben, nach und nach lösen sie sich auf
Butter	sehr heißes Wasser, trockene Tücher	Schnell handeln, mit nassem Tuch wiederholt abtupfen; anschließend mit Reiniger behandeln
Cola	heißes Wasser, Schwamm	Betroffene Stellen mit feuchtem Schwamm abreiben; anschließend mit Reiniger behandeln
Erbrochenes	heißes Wasser, Desinfektionsmittel, Schwamm oder Bürste	Schnell handeln, Anhaftungen gründlich entfernen. Desinfektionsmittel und Mehrzweckreiniger mit viel Wasser mischen, mit feuchtem Schwamm abreiben. Anschließend mit Reiniger behandeln
Fettflecken	kochendes Wasser, Fleckenentferner, Tücher	Stelle mit feuchtem Tuch abtupfen, mit trockenem Tuch abreiben. Hinterher mit Fleckenentferner abreiben. Wiederholen, bis sich die Polster nicht mehr fettig anfühlen
Filzstift	Fleckenentferner aus Drogerie	Fleckenentferner auf Tuch geben und Fleck damit abreiben
Fussel	Staubsauger, Scheuerschwamm, Sandpapier	Fläche mit rauer Seite des Schwamms und wenn nötig mit Sandpapier abreiben; anschließend absaugen
Hundehaare	Staubsauger, Scheuerschwamm, Sandpapier	Fläche mit rauer Seite des Schwamms und wenn nötig mit Sandpapier abreiben; anschließend absaugen
Kaffee	Mehrzweckreiniger in warmem Wasser (1:20)	Absaugen, dann Mehrzweckreiniger aufschäumen. Mit Tüchern und klarem Wasser ausreiben
Klebstoff	Klebstoffentferner	Klebstoffentferner auf ein Tuch geben und damit Fleck abtupfen. Wiederholen, bis alle Reste entfernt sind
Kugelschreiber	Fleckenentferner „Kuliteufel"	Fleckenentferner auf Tuch geben und Fleck damit abreiben
Kaugummi	Vereisungsspray, Scheibenkratzer	Kaugummi mit Vereisungsspray besprühen, hinterher mit Scheibenkratzer abtragen
Lippenstift	kochendes Wasser, Fleckenwasser, Tuch	Mit zuvor ins heiße Wasser getauchtem Tuch Fleck betupfen, nicht reiben; anschließend Fleckenwasser
Milch	heißes Wasser mit Desinfektionsmittel, Mehrzweckreiniger	Schnell handeln, betroffene Stelle mit Mehrzweckreiniger besprühen, Tuch in Gemisch tauchen und auf Verschmutzung gründlich aufschäumen. Anschließend mit Desinfektionsmittel behandeln
Säfte	Mehrzweckreiniger	Fläche mit Mehrzweckreiniger abreiben
Schimmel	heißes Wasser, Mehrzweckreiniger, Desinfektionsmittel, Essig, Bürste	Flecken ausbürsten, Essig/Mehrzweckreiniger-Lösung auftragen, mit heißem Wasser durchschäumen, trocken abreiben. Anschließend mit Desinfektionsmittel behandeln
Schokolade	heißes Wasser, Scheibenreiniger, Staubsauger, Bürste	Fleck ausbürsten, absaugen. Dann mit heißem Wasser betupfen, nicht reiben. Reste mit Scheibenreiniger behandeln, anschließend gründlich mit einem Tuch trocken reiben
Schuhabrieb	Scheibenreiniger, Scheuerschwamm, Tuch	Schwamm mit Scheibenreiniger befeuchten, kräftig einreiben und mit kaltem Wasser nachbehandeln
Schweiß	Staubsauger, Nasssauger, Polsterreiniger	Polster erst normal saugen, dann mit Nasssauger. Lässt sich nur mit intensivem Polsterreiniger beseitigen. Gründlich trocknen
Staub	Staubsauger und Wurzelbürste	Fläche kräftig ausbürsten und absaugen. Vorgang wiederholen
Wollmäuse	Schmirgelpapier	Mit Schmirgelpapier betroffene Stelle von oben nach unten abstreichen

Reiniger vor Anwendung erst auf Verträglichkeit testen; Handschuhe tragen; zum Teil gekürzte Tipps aus dem AUTO BILD-Buch „Autopflege, Tipps und Tricks von Profis", Heel Verlag

So konservieren Sie die Karosserie

Bislang galt: Hohlraumkonservierung mit Mike-Sanders-Fett ist wirkungsvoll, aber teuer – vor allem aber nichts zum Selbermachen. Das stimmt so nicht, wie diese drei Beispiele zeigen

FOTOS: M. HEIMBACH (4), C. MAINTZ

„Mike-Sanders-Fett? Das gibt eine Riesensauerei in der Mietwerkstatt, und du musst mit kochend heißem Fett hantieren. Lass das besser einen Fachmann machen" – so lautet der übliche Ratschlag in der Oldtimerszene. Seriöse Betriebe verlangen für eine ordentliche Fettkonservierung allerdings zwischen 700 und 1500 Euro.

Ein großer Teil dieses Betrags geht für Vor- und Nacharbeiten, also Zerlegen, Demontieren von Schweller- und Türverkleidungen sowie Stoßfängern, gegebenen-falls Löcher bohren, und hinterher alles wieder zusammenbauen drauf.

Bei Youngtimern mit niedrigem Zeitwert lohnt so eine Investition meist nicht. Was also tun? Werkstätten sprechen bei Gebrauchtwagen von „zeitwertgerechten" Reparaturen – wir wollen mit unserem Workshop zeigen, dass auch eine zeitwertgerechte Konservierung möglich ist.

Nicht immer ist das volle Programm erforderlich. In den 80er-Jahren begannen Autohersteller, ihre werkseitige Hohlraumkon-servierung stark zu verbessern. Mike Sander, Korrosionsschutz-fett-Erfinder und seit 35 Jahren im Geschäft: „Natürlich haben auch neuere Autos Schwachstellen, aber kein flächendeckendes Wegrosten mehr, wie wir es von Franzosen und Italienern bis weit in die 80er-Jahre kennen."

Wir haben uns drei Kandidaten ausgesucht: einen VW Porsche 914/4 von 1971, einen Mercedes 230 TE von 1990 und einen Honda Prelude, Baujahr 1984. Drei Autos, drei Behandlungen: Der Porsche verfügt über keinen werkseitigen Korrosionsschutz und braucht eine Komplettversiegelung. Die Hohlräume des Mercedes W124 sind ab Werk schon relativ gut konserviert. Hier reicht es, kritische Bereiche wie Schweller, Radläufe und Unterboden zu bearbeiten. Enttäuschung beim Honda Prelude: Das Endoskop fördert beim Japaner so viel Hohlraumrost zutage, dass Profi Mike Sander das Handtuch wirft: „Hier machen wir gar nichts, da muss erst mal der Karosseriebauer ran."

Mike Sander (sitzend), Kfz-Meister Ljupco Jovanoški (M.) mit AUTO BILD KLASSIK-Redakteuren Stefan Voswinkel (l.) und Frank Rosin (r.) vor den drei Workshop-Autos

Der BMW: Check nach drei Jahren

Drei Jahre und 10 000 Kilometer nach seiner Fettkonservierung steht der BMW 628 CSi genauso rostfrei da wie 1985 als Neuwagen. Sein Besitzer fährt ihn allerdings auch nur bei schönem Wetter.

BMW 628 CSi	Bj. 1985
Zeitwert	circa 16 000 €
Konservierung ab Werk	teilweise
Verwendete Fettmenge	-
Gesamtkosten	-

Türen, Unterboden und Hohlräume: alles sauber, kein Rost zu finden

Der kritische Blick täuscht: Bei der Endoskop-Untersuchung am VW-Porsche finden wir keinen nennenswerten Rost. Allerdings auch keinen Hohlraumschutz

Der VW-PORSCHE braucht das volle Programm

Zunächst waren Mike Sander und sein Kfz-Meister Ljupco Jovanoski skeptisch, als wir den orangefarbenen VW-Porsche 914 in die Halle fuhren. Die vom Vorbesitzer schlampig ausgeführte Lackierung ließ befürchten, dass der Volksporsche – wie die meisten Exemplare seiner Baureihe – hauptsächlich von Spachtel und Rost zusammengehalten wird. Doch Endoskop und Lackschichtstärke-Messgerät machten schnell klar: Der Wagen ist weitestgehend rostfrei, eine Konservierung der ungeschützten Hohlräume dringend anzuraten. Seinen außergewöhnlich guten Zustand verdankt der 914 dem Umstand, dass er nur sechs Jahre gefahren wurde und danach 33 Jahre in einer trockenen Halle stand. Warum der Besitzer bei seiner Wiedererweckung nicht in eine dem Zustand des Autos angemessene Lackierung investiert hat, bleibt allerdings ein Rätsel.

VW-Porsche 914	Bj. 1971	
Zeitwert		circa 17 000 €
Konservierung ab Werk		nein
Verwendete Fettmenge		9,0 kg
Gesamtkosten circa*		420 €

„The first cut is the deepest" – das erste Loch tut richtig weh. Aber wenn man einen Oldtimer wie den 914 ordentlich endoskopisch untersuchen und hohlraumkonservieren möchte, dann muss die Bohrmaschine ran. Natürlich haben wir vorzugsweise vorhandene Löcher aufgebohrt, acht Millimeter reichen

Leichte Rostansätze an der Heckschürze hinter dem Auspuff (l.). Hier darf trotzdem kein Fett ran, wegen Brandgefahr. Foto rechts: Von unten lassen sich Kofferraumboden und Querträger inspizieren. Die Karosserie zeigt sich kerngesund. In den Hohlräumen fanden wir allenfalls Oberflächenrost

   * inkl. Werkstattmiete 75 Euro (5 Stunden); Mietkosten von 45 Euro für Kocher (Mike Sander), Korrosionsschutzfett: 14 Euro/kg, Endoskop, Folien, Handschuhe, Atemschutz: 140 Euro

Jetzt wird's ernst: Räder abschrauben und Teile schützen, die nicht mit Fett in Berührung kommen dürfen. Für die Bremsscheiben empfehlen sich Müllbeutel, die mit Malerkrepp zugebunden werden. Tipp: Alle demontierten Schrauben in gekennzeichneten Schachteln sammeln, so wird später der Zusammenbau leichter

Mühselig und bei jedem Auto anders: Die Türverkleidungen müssen runter, wenn die Türen, wie beim 914, nicht werkseitig konserviert wurden. Die Dichtungsfolie lässt sich meist wiederverwenden. Foto rechts: erster Einsatz für Atemschutz. Ljupco Jovanoski zeigt, wie Druckbecherpistole und Sonde funktionieren

Links: In diesem Schlauch wärmt ein Haarföhn die Sprühsonden vor, damit das Fett darin flüssig bleibt. Rechts: Das auf 120 °C erhitzte Korrosionsschutzfett wird aus diesem elektrischen Heiztopf in die Druckbecherpistole abgezapft

Einpacken: Für die Behandlung des Unterbodens auf der Hebebühne packen wir den VW-Porsche mit Malerfolie aus dem Baumarkt ein. So beugen wir späteren Reinigungsorgien in der Waschanlage vor. Folie kommt auch auf den Werkstattboden unter dem hochgefahrenen Auto, um heruntertropfendes Fett aufzufangen. Für die Arbeiten mit den Hohlraumsonden empfiehlt Mike Sander Atemschutz (Staubmaske aus dem Baumarkt) und Handschuhe aus Glattleder. Diese werden, im Gegensatz zu Gummihandschuhen, nicht glitschig, wenn sie mit dem Korrosionsschutzfett in Berührung kommen. Großes Foto unten: Die Hohlräume der Verstärkungsprofile an der vorderen Kofferraumhaube lassen sich mit einer Hakensonde behandeln

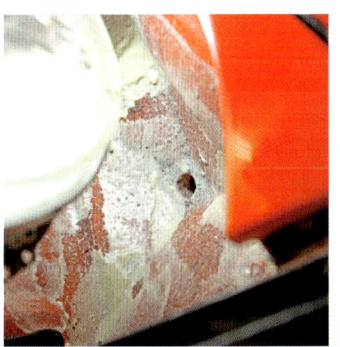

Heikle Stellen: Scheinwerferkästen (o.) und B-Säulen gammeln beim 914 gern weg. Hier muss unbedingt Fett rein, aber nicht zu viel. Ein Millimeter Schichtstärke reicht. Die Zierleiste am Targadach (u. l.) war widerspenstig, wir bohrten ein Loch vom Motorraum aus. Unten rechts: Einfetten der Querträger-Hohlräume hinten

Schwellerverkleidung runter, und zum Vorschein kommt die W124-Soll-Roststelle Wagenheberaufnahme. Diese hier wurde bereits geschweißt, hervorragende Arbeit

Der MERCEDES kriegt sein Fett weg

Auch beim Benz war Mike Sander erst einmal skeptisch: „Da hat der Verkäufer den ganzen Unterboden mit Bitumen vollgeschmiert, damit man den Rost nicht sieht." Schließlich entpuppte sich der Wagen aber als eines der guten Exemplare der Mercedes-Baureihe 124. Das Endoskop zeigte eine unversehrte Wachskonservierung in sämtlichen Türen und in der Heckklappe (siehe Foto nä. Seite oben). Die Wagenheberaufnahmen der rechten Seite wurden fachmännisch geschweißt, die linken sind in Ordnung. Die Fettbehandlung beschränkte sich daher auf Schweller, Radkästen, Radläufe (außen und innen) und Unterboden. Der Mercedes eignet sich von allen Autos im Workshop am besten für die Do-it-yourself-Konservierung, weil sämtliche Hohlräume gut erreichbar und mit Gummistopfen verschlossen sind. Es muss nicht gebohrt werden wie beim VW-Porsche.

Mercedes 230 TE	Bj. 1990
Zeitwert	circa 7000 €
Konservierung ab Werk	teilweise
Verwendete Fettmenge	4,0 kg
Gesamtkosten circa*	310 €

* inkl. Werkstattmiete 75 Euro (5 Stunden); Mietkosten von 45 Euro für Kocher (Mike Sander), Korrosionsschutzfett: 12,50 Euro/kg, Endoskop, Folien, Handschuhe, Atemschutz: 140 Euro

Der HONDA: Fall für den Klempner

„Hier machen wir überhaupt nichts", lautete der Kommentar von Mike Sander, als wir den Honda auf die Bühne genommen hatten. „Bei diesen vielen losen Rostbrocken im Schweller hilft auch kein Fett mehr", erklärt Sander seine Entscheidung, „da erreicht das Fett nämlich die entscheidenden Stellen gar nicht."

Honda Prelude	Bj. 1984
Zeitwert	circa 3000 €
Konservierung ab Werk	nein
Verwendete Fettmenge	-
Gesamtkosten	-

Entsetzte Blicke: Der schicke Honda Prelude hat zahlreiche faule Stellen

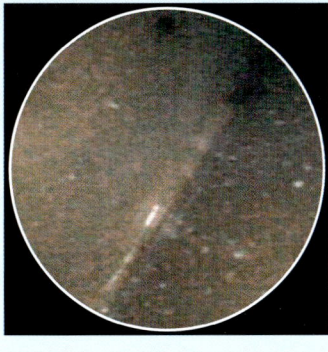

Inspektion: Das Endoskop zeigt beim 230 TE eine intakte Wachsschicht in allen Türen und in der Heckklappe. Weitere Konservierung ist hier nicht erforderlich. Trotzdem gibt es beim 124er Karosseriebereiche, in denen zusätzlicher Korrosionsschutz sinnvoll ist, beispielsweise Schweller, Kotflügel und Achsstreben

Ein Vogelnest? Hinter den Kunststoff-Innenkotflügeln finden sich große Klumpen feuchten Schmutzes – aber glücklicherweise kein Rost. Spätere Exemplare der 124er-Reihe sehen meist schlechter aus. Oben rechts: Auch der 230 TE wird verpackt, bevor wir mit der Behandlung des Unterbodens beginnen

Innenradläufe (o.): Wir sprühen ganz vorsichtig und stoßweise mit der Hakensonde, damit kein Fettnebel entsteht und in den Innenraum gelangt

Großes Foto: Für Achsteile und Unterbodenfalze darf keinesfalls die Hohlraumsonde verwendet werden, weil sie unkontrollierbar in alle Richtungen sprüht. Wir nehmen die Hakensonde und fetten die rostgefährdeten Bereiche ein. Auspuff, Gummimanschetten und Achslager aussparen oder noch besser: abkleben. Links außen: Mit der Hohlraumsonde konservieren wir den Hohlraum hinter dem Stoßfänger. Der ist mit nur vier Schrauben befestigt, die Demontage ist einfach und lohnt. Die Hohlraumsonde wird zunächst ganz eingeführt und dann mit Gefühl beim Sprühen herausgezogen. Achtung beim letzten Stück. Foto links: Im Radkasten behandeln wir alle Kanten und Blechfalze mit der Hakensonde

- -

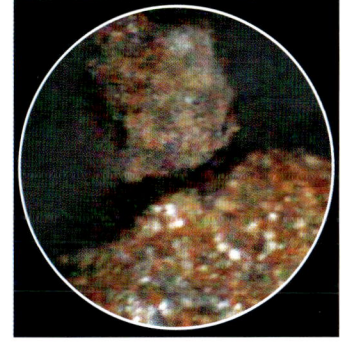

Großes Foto links: Durch das Rostloch im Radkasten passt unsere Handlampe. Gammelige Türen (oben), mit Unterbodenschutz zugekleistert. Hohlräume im Schweller (Endoskop-Foto, oben rechts) mit dicken, losen Rostbrocken. Die gesamte Karosseriesubstanz des Prelude sieht bei genauerem Hinsehen traurig aus.

FAZIT

Unser Workshop war ein Erfolg, jedenfalls für den VW-Porsche und Mercedes 124. Der 914 ist sicher nicht der einfachste Einstieg in die Do-it-yourself-Konservierung: Löcher bohren erfordert Mut, und Teile, die beim Ausbau kaputtgehen, können nicht ohne Weiteres ersetzt werden. Anders beim Benz: Hier wurde Hohlraumschutz schon bei der Konstruktion eingeplant. Davon profitieren wir heute. Weil wir Türen und Hauben nicht behandeln mussten, verringerten sich Zeitaufwand und Schwierigkeitsgrad erheblich. Schade um den Honda, aber er zeigt, dass vor der Konservierung der Fahrzeugerhalt steht.

FOTOS: M. HEIMBACH (14), F. RÖS N (2), T. BADER

So bleiben die Radkästen rostfrei

Die Feinde unserer Autos heißen Schmutz und Feuchtigkeit – der Nährboden für Korrosion. Zumindest Radhäuser lassen sich mit Innenkotflügeln schützen. Wir zeigen den Einbau

■ Warum halten Autos in Skandinavien so lange? Unter anderem deshalb, weil sie gut gegen Gammel geschützt sind. Dank Innenkotflügel. Die verhindern, dass Schmutz und Nässe sich in den Winkeln des Radhauses ansammeln.

Die Idee kommt aus Finnland: Leo Laines entwickelt in den 1960er-Jahren seine Lokari (auf Deutsch: Schmutzfänger). In den Nordländern sind Neuwagen seit Jahrzehnten damit ausgerüstet. Zum Nachrüsten gibt es sie bei Thomas Hanna in Hallbergmoos (www.lokari.de). Neben Lokari gibt es auch andere Anbieter, beispielsweise Skandix (Volvo, Saab),

Klokkerholm (Ford), Schlieckmann (Mercedes Nutzfahrzeuge) und Carparts in Köln (Porsche).

Auf der Hebebühne zeigt uns Thomas Hanna (51) die neuralgischen Stellen eines Mercedes: „Hier überm Lampentopf, da am Stehblech, sind viele Ponton-Modelle geschweißt." Auch an Schweller-Endspitzen und der Kotflügelverschraubung nagt Väterchen Rost gern. Hanna demontiert die Räder und reinigt gründlich ihre Häuser. Roststellen konserviert der Pfälzer mit Fett. „Es geht um Luftabschluss, ohne Sauerstoff rostet Blech nicht mehr."

Eine Wachsschicht später bereitet er den Innenkotflügel vor. Ein Winkelblech kommt an den Stoßstangenhalter. Nun passt Hanna den Lokari ein, mithilfe des Gummihammers. Mit einer Bohrmaschine setzt der Mercedes-Spezialist die Löcher auf Höhe des montierten Winkelhalters. Nachdem alle Schrauben sitzen, wird der vordere Teil des Blechs zu einer Art Spoilerlippe umgebogen. Fertig.

Halt – nicht ganz: Da ist noch eine Lücke zwischen Auto- und Lokari-Blech! „Die ist erwünscht", sagt Hanna. „Es geht nicht darum, einen Hohlraum zu schaffen. Da bildet sich nur Kon-

densat", referiert er. „Deshalb haben wir vorn den kleinen Spoiler, damit der Fahrtwind zu Zirkulation führt, so bleibt das Radhaus belüftet."

1000 Lokaris sind im Programm. Bei älteren Modellen aus 1,2-Millimeter-Alublech, für Youngtimer gibt es sie in Kunststoff. Bei manchen Oldies wurden Innenkotflügel in der laufenden Serie eingeführt. So können Besitzer älterer Mercedes SL (R 107) oder Fiat X 1/9 auch die Schutzschalen der letzten Typen verbauen. Beim Mercedes kostet der Satz knapp 200 Euro. Nachrüst-Lokaris liegen bei 130 Euro pro Satz, dazu kommt die Zeit für den Einbau.

Hier schraubt der Chef persönlich: Thomas Hanna passt den Lokari ein

Innenkotflügel-Einbau in 30 Minuten

1 Verkehr ohne Schutz: Ponton-Radhaus im Serienzustand – noch ohne Schutzblech

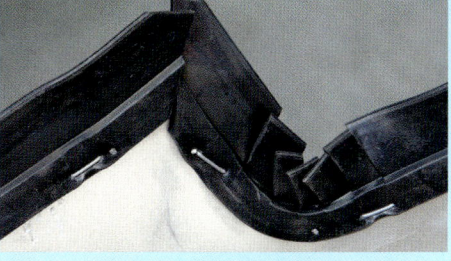

2 Handwerk ohne Klappern: Dank Gummirand klötert der Lokari nicht im Radhaus

3 Halten ohne Fragen: Der Stoßstangenhalter dient als Fixpunkt für den Montagewinkel

4 Keine Kunst trotz Pinsels: Reichlich Fett schützt kleinere Roststellen vor weiterem Verfall

5 Schutzschicht: Sprühwachs konserviert das kostbare Blech über dem Innenkotflügel

6 Voll auf die Gummi-Lippe: Silikon erleichtert die Montage im Radhaus

7 Leichte Handarbeit: Der Innenkotflügel aus Metall wird vorsichtig eingepasst

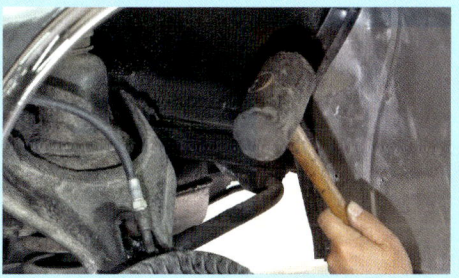

8 Gleicht passt's: Trockene Schläge mit dem Gummihammer helfen bei der Montage

9 Bohr'n to be alive: Die Löcher für die Halteschrauben kommen ins Lokari-Blech

10 Verschraubt: Die Bohrlöcher im Ponton-Blech wurden zuvor mit Wachs geflutet

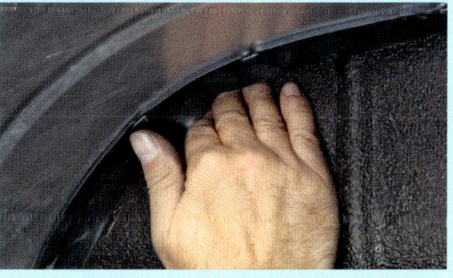

11 Spaltmaß: Hier kommt kaum Schmutz herein, dafür ist das Blech gut hinterlüftet

12 Frisch verschalt: Wer's dezent will, lackiert das Blech mit Unterbodenschutz

Einbauzeit pro Seite: 15 Minuten

Manche Alu-Innenkotflügel sitzen stramm im Radhaus. Dennoch müssen sie zur Sicherheit – wie die Exemplare aus Kunststoff – mit der Karosserie verschraubt werden. Gut für Exoten: Lokari bietet auch die Anfertigung von Radhausschalen nach Muster an.

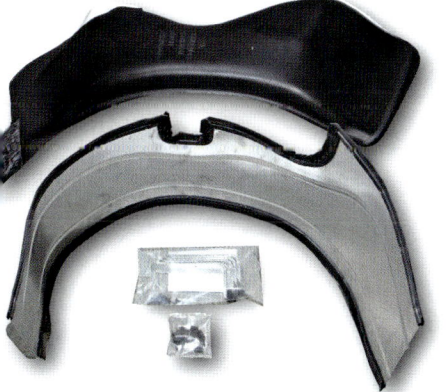

Einbausatz: Innenkotflügel aus Kunststoff (oben) und aus Alu

Und was sagt der Prüfer zu modernen Innenkotflügeln im Oldie? Thorsten Ruthmann vom DEKRA Classic Service in Münster/Westfalen: „Kein Problem mit dem H-Kennzeichen, die gab's ja schon in den 1960er-Jahren."

FAZIT

Recht günstig in der Anschaffung, leicht selbst zu montieren – diese Investition ist sinnvoll und lohnt sich allemal. Wer auch mal bei Regen fahren will (oder muss), wird Innenkotflügel zu schätzen wissen. Nässe und Schmutz bleiben draußen – und Väterchen Rost beißt sich am doppelten Blech-Boden die Zähne aus.

So hat's der Oldie warm und trocken

Zwei von drei Oldtimerversicherungen fordern ein Dach überm Klassiker. Was tun: Garage bauen? Stellplatz mieten? Mit den richtigen Tipps finden Sie die ideale Lösung.

Garage bauen lassen ....

„Wer jetzt kein Haus hat, baut sich keines mehr", sinnierte Rainer Maria Rilke im Herbst 1902 – aber für eine Garage wäre vielleicht noch Zeit.

Wie viel Zeit und Geld der Bau einer Garage verschlingt, hängt erst mal vom Fundament ab, das wiederum von der Bodenbeschaffenheit. Es muss nicht unbedingt der

ca. 20 000 Euro
Geräumige Luxusgarage der Firma Rode zum Preis von drei Opel Ascona. Das Fundament kostet extra

Extrem bequem: Garagentor-Antriebe mit Fernbedienung bekommt man schon ab knapp 100 Euro

Kein Fehler: Die Löcher an den Kanten sind gewollt – denn ohne Durchzug kann es innen feucht werden

Am günstigsten fällt ein Schwingtor aus. Es benötigt zum Öffnen jedoch etwas Platz

Sinnvolles Extra: Eine Beschichtung der Garagendecke lässt Schwitzwasser nicht aufs Auto tropfen

Garagen aus dem Internet

Das Angebot ist heute unüberschaubar. Besonders bei standardisiert gefertigten Garagen hat der Wettbewerb enorm zugenommen, was die Preise auf Dauer günstig hält. Gefertigt werden die Teile meist im Ausland, in Deutschland sitzt nur der Vertrieb. Oft bieten diese Firmen auch einen Aufbauservice an, allerdings muss das Fundament vorhanden sein. Dies muss der Bauherr nach entsprechenden Vorgaben selbst beauftragen.

So bleibt Ihre Garage trocken

WASSER AUSSPERREN
Ein nasses Auto sollte – logisch – vorerst draußen bleiben. Falls der Wetterfrosch nur Regen voraussagt: reinfahren, abledern, Leder draußen auswringen. Schnee muss vor der Garage vom Wagen runter. Lösen Sie matschige Klumpen aus den Radhäusern.

KRÄFTIG LÜFTEN
Am besten bleibt das Tor immer offen – finden auch Diebe. Besser also: Belüftungsschlitze unten in einer der Wände oder im Tor und eine Öffnung auf der gegenüberliegenden Seite oben.

LUFT TROCKNEN
Luftentfeuchter gibt es als Granulate unter Namen wie „Humydry", „Feuchtigkeitskiller" und „Raumentfeuchter" für nicht mal zehn Euro. Die Granulate sollte man alle paar Wochen austauschen und von Kindern fernhalten. Zwischen 100 und 1000 Euro gibt's Bautrockner und elektrische Luftentfeuchter – manche mit Schlauchanschluss, damit man den Wasserbehälter nicht leeren muss.

Baugrundsachverständige anrücken, erfahrene Aufsteller von Fertiggaragen können den Grund auch beurteilen. Hauptsache, das Grundstück kann 20 bis 30 Quadratmeter Freifläche erübrigen.

Die sogenannte Massivgarage – zum Glück nicht massiv, sondern hohl – wird gebaut wie ein Haus. Das heißt: Der Bauherr hat alle gestalterischen Möglichkeiten (auch die, Fehler einzubauen); aber erst wollen Architekt und Statiker bezahlt werden, die auch den Bauantrag vorbereiten, und dann dauert der Bau selbst eine Weile. Tore gibt es zum Beispiel von Hörmann, Normstahl, Novoferm oder Teckentrup. Wenn die Garage ans Wohnhaus anschließt, muss eine Brandschutztür rein.

Auch eine Fertiggarage aus dem Katalog (Anbieter siehe rechts oben) muss von der zuständigen Behörde genehmigt werden – bitten Sie den Anbieter vorab um die Baubeschreibung. Sobald das Fundament trocken ist, ist so eine Garage innerhalb eines Tages aufgebaut. Die schlichtesten Hütten zum Selbstaufstellen kosten kaum mehr als 1000 Euro plus Fundament, aber auch Luxusgaragen gibt es in Fertigbauweise. Der Durchschnittskunde zahlt 4000 Euro inklusive Lieferung und Montage. Sinnvolles Extra: ein großes Ausstellfenster wegen der Belüftung. Ob die Wände aus Blech, Beton oder Holz sein sollen, entscheiden vor allem Geldbeutel und Geschmack. Wände aus ungedämmtem Blech schützen natürlich kaum vor Frost. Größter Vorteil von Fertiggaragen: Sie sind viel günstiger als Massivgaragen.

Vorteile: Der Bauherr bestimmt Größe, Ausstattung und (im Rahmen des Baurechts) alle Details. Das Auto steht beim Besitzer zu Hause. Besserer Diebstahl- und Vandalismusschutz als beim Carport.

Nachteile: Hohe Anfangsinvestition. Nicht auf jedem Grundstück möglich. Schlechtere Belüftung als beim Carport.

Auch die Luxus-Fertiggarage ist belüftet, optisch nur etwas besser und unauffälliger verbaut

Wollen Sie dem Oldie zeigen, was eine Harke ist? Dann planen Sie im Zweifel die Garage lieber größer

So geht's in die Winterpause

Beim Einmotten von alten Autos hat jeder seine eigene Philosophie. Hier finden Sie drei Ansätze für Minimalisten, Gründliche und Perfektionisten

■ Winterpause – das ist die Zeit, in der unsere ohnehin schon viel zu selten bewegten Schätze monatelang rumstehen. Die meisten Klassiker pausieren ab Oktober oder November für fünf bis sechs Monate bis zur nächsten Ausfahrt. Bei so langen Standzeiten reicht einfaches Abstellen im Winterquartier nicht. Der Oldtimer braucht vorher Pflege, damit es im Frühjahr kein böses Erwachen gibt. Je höher der betriebene Aufwand, desto geringer die Gefahr von Standschäden im nächsten Frühjahr.

So viel zur Theorie. In der Praxis scheitert das fachgerechte Einmotten häufig an Zeit und Motivation oder am mangelnden Bewusstsein des Besitzers, was über den Winter alles passieren kann. Und das ist eine Menge: Im schlimmsten Fall kann sich Rost an den verschiedensten Stellen bilden, zum Beispiel an der Karosserie, im Tank, im Auspuff, in der Einspritzanlage und im Bremssystem. Ebenfalls unangenehm: Schimmelbildung im Innenraum. Auch weniger gravierende Schäden wie eine tief entladene Batterie oder Reifen mit Standplatten verursachen unnötige Kosten.

Die halbe Miete beim Einmotten ist ein möglichst trockener, gut belüfteter und konstant temperierter Stellplatz. Die andere Hälfte hängt vom Aufwand beim Einmotten und natürlich vom Ausgangszustand des Oldies ab. AUTO BILD KLASSIK zeigt drei Wege, einen Klassiker winterfest zu machen:

Für Minimalisten, die nur Zeit für das Allernötigste haben.
Für gründliche Oldtimerbesitzer, die ihr Auto mit angemessenem Zeit- und Geldeinsatz gut versorgt wissen wollen.
Für Perfektionisten, bei denen nur das Beste gut genug ist und die Kosten keine Rolle spielen.

Der Minimalist

Wer mit dem Oldtimer in die Waschanlage fährt, sollte vorher den Schmutz am Fahrzeug mit einem Wasserstrahl anlösen

Vor der letzten Fahrt der Saison prüft der Minimalist den Pegel von Kühlwasser und Bremsflüssigkeit und füllt bei Bedarf nach. Dann steuert er die Waschanlage an und investiert in das Programm mit Unterbodenwäsche. Danach fährt der Minimalist den Wagen richtig warm und vor allem trocken und macht dabei auch mal die Heizung an. Ist das Öl noch relativ neu, verschiebt er den Ölwechsel auf die neue Saison. Unmittelbar vor der Fahrt zum Stellplatz tankt der Minimalist voll und erhöht den Luftdruck um ein Bar. Am Stellplatz angekommen, baut er die Batterie aus und nimmt sie mit, um sie zwischendurch, spätestens aber kurz vor dem Start in die neue Saison, aufzuladen. Auf den Oldtimer kommt im besten Fall noch ein altes Laken oder eine Decke, damit die Fenster nicht komplett vollstauben. Das muss reichen!

Fehler beim Einmotten

Keine Lust auf Standschäden? Dann sollten Sie das Folgende vermeiden:

Oldtimer nass abstellen

Bei Regen ins Winterlager fahren? Keine gute Idee! Der Wagen sollte vor dem Abstellen in der Garage so trocken wie möglich sein. Das beugt Rostbildung vor.

Handbremse anziehen

Bei angezogener Handbremse kann es passieren, dass die Bremsen festgammeln.

Motor starten

Wird der Oldie in der Winterpause kurz laufen gelassen, kann sich Kondenswasser in Motor und Abgasstrang bilden. Wasserhaltige Treibstoffgase, die sogenannten Blow-by-Gase, gelangen dann übers Kurbelgehäuse ins Öl und können dem Motor schaden. Kommen Motor und Auspuff nicht auf ausreichende Temperatur, verdampft das Wasser nicht. Wer den Wagen in der Winterpause bewegen muss, macht das am besten mit hydraulischen Roll-Rangierern.

Tank (halb) leer lassen

Luft im Tank begünstigt durch Temperatur- und Druckschwankungen die sogenannte Tankatmung. Dabei gelangt jedes Mal Feuchtigkeit in den Sprit. Wasser lagert sich am Boden des Kraftstoffbehälters ab und lässt ihn rosten.

Batterie nicht abklemmen

Wenn der Oldie Winterschlaf hält, sollte die Stromversorgung unterbrochen sein. So hat Kriechstrom keine Chance, und es kann keinen Kurzschluss geben.

Am Schweller aufbocken

Wenn schon aufbocken, dann an den Achsen! Die Schweller und Wagenheberaufnahmen sind nicht für monatelange, punktuelle Belastung gemacht.

Mit dicker Plane abdecken

Robuste, harte Plastikplanen scheuern beim Drauflegen und bei Luftbewegungen auf dem Lack und begünstigen die Bildung von Kondenswasser.

Ein um ein Bar erhöhter Luftdruck gleicht den normalen Druckverlust bei langen Standzeiten aus und verhindert Standplatten (1). Beim Volltanken zwischendurch am Auto rütteln, damit sich Luftblasen im Tank lösen (2)

Der Gründliche

Handwäsche ist besser als Maschinenwäsche, weil sie den Lack schont. Bei Cabrios sollte das Verdeck mit Spezialreiniger gesäubert und anschließend imprägniert werden

Der Gründliche kontrolliert seinen Oldtimer rechtzeitig auf Roststellen. Haben sich neue gebildet, bearbeitet er sie noch vor der Winterpause. Dann prüft er nicht nur alle Flüssigkeiten, sondern auch die Wechselintervalle. Kühlflüssigkeit tauscht der Gründliche nach spätestens sechs Jahren, Bremsflüssigkeit nach zwei. Motoröl und Ölfilter erneuert er ebenfalls. So können aggressive Verbrennungsrückstände keinen Schaden anrichten, und der Motor ist nach der Winterpause bereit für die erste Ausfahrt. Auf das Entlüftungsloch im Deckel des Bremsflüssigkeitsbehälters kommt Klebeband, damit kein Wasser ins Bremssystem gelangen kann.

Sollte der Stellplatz nicht frostsicher sein, bekommt die Scheibenwaschanlage noch etwas Frostschutz. Bei der Autowäsche von Hand kümmert sich der Gründliche besonders um Unterboden, Radkästen, Radläufe und andere versteckte Stellen, wo sich Schmutz angesammelt haben könnte. Die Räder befreit er mit Felgenreiniger und Bürste vom Bremsstaub. Das Verdeck wäscht er mit Spezialreiniger und imprägniert es anschließend. Nach der Wäsche fährt er den Wagen warm und trocken. Beim Tanken macht der Gründliche auch den Reservekanister voll.

Damit füllt er den auf der Fahrt ins Winterlager verbrauchten Kraftstoff nach. Zusätzlich kippt er Benzinstabilisator in den Tank, um Wasser zu binden. Die Batterie schließt er an ein Ladegerät mit Erhaltungsladefunktion an.

Die Türen und Hauben schließt der Gründliche nicht fest, sondern lässt sie nur auf der ersten Raste einrasten. Das entlastet die Gummis, die er zuvor mit Pflegemitteln eingerieben hat. Auch das Verdeck des Cabrios schließt er nicht stramm, sondern klappt es locker zu. Die Reifen bekommen ein Bar mehr Luftdruck und als Unterlage Reifenpolster. Sie vergrößern die Auflagefläche und verhindern noch effektiver Standplatten.

Die einen nehmen Luftentfeuchter-Granulat, die anderen schützen den Innenraum mit Katzenstreu vor Feuchtigkeit

Die Seitenscheiben lässt der Gründliche einen Spalt weit offen, damit die Luft zirkulieren kann. Um den Innenraum vor Feuchtigkeit zu schützen, stellt er Trockengranulat rein, das Wasser bindet.

Ölgetränkte Lappen im Auspuff und im Vergaser verhindern das Eindringen von Feuchtigkeit. Bei Fahrzeugen mit mechanischer Einspritzung kann Wasser im Kraftstoff die feine Mechanik angreifen, zum Beispiel den Mengenteiler der K-Jetronic oder die Dosierkolben in Stempelpumpenanlagen. Dagegen soll Benzinstabilisator im Kraftstoff helfen.

Je nach Umgebung des Stellplatzes kann es sinnvoll sein, Mausefallen oder einen Marderschutz aufzustellen. Zuletzt deckt der Gründliche seinen Oldtimer zu, am besten mit einer weichen, atmungsaktiven Stoffhülle.

Klebeband auf der Öffnung des Bremsflüssigkeitsbehälters verhindert, dass Luft und damit Feuchtigkeit ins System gelangt (1). Nach der Winterpause muss das Loch aber wieder frei sein! Ladegeräte mit Erhaltungsladefunktion erhöhen die Lebensdauer der Batterie (2). Ein ölgetränkter Lappen im Vergaser verhindert, dass Feuchtigkeit eindringt (3). Scheiben sollten einen Spalt offen bleiben, das Verdeck nicht verriegelt sein, sondern entspannt aufliegen (4)

FOTOS: H. J. MAU (10), R. TIMM (5)

Der Perfektionist

Die Stützen gehören unter die Achse und nicht unter den Schweller. Die Reifen sollten nach dem Aufbocken noch Bodenkontakt haben

Halbe Sachen gibt es für den Perfektionisten nicht. Also kontrolliert er wie der Gründliche sämtliche Betriebsflüssigkeiten und erneuert sie bei Bedarf. Das Reinigen des Fahrzeugs überlässt er dem Profi-Aufbereiter. Der macht auch gleich eine Motorwäsche, damit der Klassiker wirklich schmutzfrei in die Winterpause geht. Nach der Wäsche gibt es eine Wachspolitur für den Lack. Alle Kunststoffe bekommen entsprechende Pflegemittel, Gleiches gilt für Chrom, Gummidichtungen und Lederausstattungen.

Weil der Perfektionist an alles denkt, schwappt vor der letzten Ausfahrt nur noch eine kleine Menge Sprit im Tank. Also fährt er den Tank fast leer, füllt ihn dann randvoll und gibt Benzinstabilisator dazu. Am Stellplatz angekommen, füllt er Kraftstoff aus dem Reservekanister nach, bis auch der Tankstutzen voll ist.

Der Perfektionist steckt ölgetränkte Lappen in den Auspuff und den Vergaser. Außerdem dreht er die Zündkerzen raus und sprüht Kriechöl in die Brennräume. Danach kommen die Zündkerzen wieder rein, damit keine Feuchtigkeit hineinkommt. Die Batterie schließt er an ein Ladegerät mit Erhaltungsladefunktion an.

Türen und Hauben lässt der Perfektionist nur locker einrasten, das Verdeck verriegelt er nicht, um Dichtungen und Verdeckstoff zu schonen. Das Scheibenwischergummi entlastet er mit einem Abstandshalter, den er unter den Wischerarm klemmt, die Reifen, indem er den Wagen leicht aufbockt, und zwar auf den Achsen. Alternativ stellt er die Reifen auf Polster, die die Auflagefläche erhöhen. Muss er seinen Klassiker in der Winterpause umstellen, stellt ihn der Perfektionist auf Rangierroller.

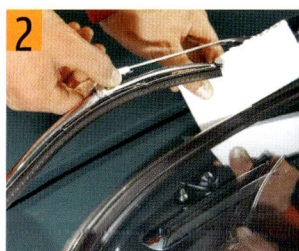

Alle Gummis und Kunststoffoberflächen freuen sich über entsprechende Pflegemittel (1). Ein Stück Pappe entlastet den Scheibenwischergummi (2). Chrom mit Aceton reinigen, dann mit Pflegemittel konservieren (3). Auch für den Motor gibt es im Handel spezielle Konservierungsmittel

Erhöhte Luftfeuchtigkeit am Winterstellplatz kontrolliert er mit einem Luftentfeuchter. Hilfreich gegen Staub und Feuchtigkeit sind Spezialhüllen wie die CarCapsule (www.carcapsule.de), eine Schutzhülle mit Gebläse, oder die Coverbag (www.coverbag.de), eine robuste Schutzfolie, die durch Luftabschluss und Trockengranulat Rostbildung verhindert.

FAZIT

Einmotten auf die gründliche Tour ist der goldene Mittelweg. Die Arbeiten sind an einem Tag zu schaffen, die Kosten überschaubar. Mit weniger Aufwand als ein Minimalist sollte niemand seinen Oldtimer in die Winterpause schicken. Zeit und Geld wie ein Perfektionist zu investieren, lohnt sich nur bei besonders wertvollen Fahrzeugen.

Frisches Öl zum Saisonende ist sinnvoll. Aggressive Stoffe im alten Öl können keinen Schaden mehr anrichten. Außerdem ist der Oldie im Frühjahr gleich startklar

Reifenpolster erhöhen die Auflagefläche. Hydraulische Rangierroller schieben sich unter den Reifen und heben das Auto an. Normale Rangierroller erfordern einen Wagenheber

5. Reparieren

So sieht (k)ein Schnäppchen aus

Ein T-Modell aus der Baureihe W 124 soll es sein. Der klassische Kombi aus des Benz' besten Zeiten. Die Suche nach einem gepflegten Exemplar dauert fast zwei Jahre, der wirtschaftliche Totalschaden keine vier Wochen. Trotzdem sind sie am Ende alle zufrieden, der neue Besitzer, die Werkstatt, der Verkäufer.

■ Stimmt schon: Hinterher ist man immer schlauer. „T-Modelle vom 124er, die gibt's doch noch reichlich!" Manche Kollegen wissen eben alles besser. „Ja, hättest du mich gefragt, unkt der Hobby-Dealer, „ich hatte da gerade ein supersauberes Exemplar – erste Hand, Scheckheft, Klima, Leder ..." – ach, lass man stecken. Und mache wen auch immer damit glücklich.

Tatsächlich kreuzen sie jetzt verschärft meine Wege, die gepflegten Exemplare dieses schönsten und wohl auch besten Kombis aller Zeiten. Oder ist es nur der verschärfte Blick? Vermutlich. Ich jedenfalls schaue mir nicht diese ominöse Auktionsseite vom 124er-Spezi aus Neuss an, nein, ich rede jetzt auch nicht mit dem rührigen w124-club.de, der „reichlich gut erhaltene

W 124 Kombi" hat, und gönne meinem Kumpel den traumhaften 300 TE in 172-Anthrazit aus zweiter Hand, der ab sofort als klimatisierte Hundehütte mit 180 PS und besabberten Heckscheiben durch Norddeutschland tobt.

Mein 200er ist ab sofort ein Sammlerstück. Er hat viel Geld gekostet und reichlich Nerven. Er ist zwangsläufig unverkäuflich, denn ich habe unwiderruflich beschlossen, mit ihm alt und grau zu werden, und so langsam begreift er das auch.

Zuvor hatte der kleine 200 TE in zurückhaltendem Impala-Metallic alle Register gezogen, seinen Geburtskreis in Baden-Württemberg nicht verlassen zu müssen, und dabei sogar zum Äußersten gegriffen. Doch der Reihe nach.

Unglückliche Verkettung: Motor muss raus

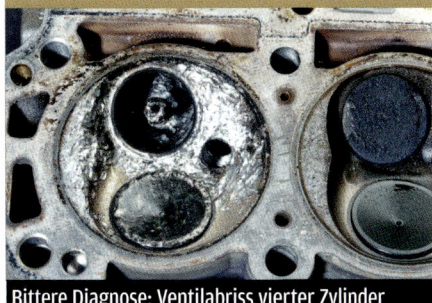
Bittere Diagnose: Ventilabriss vierter Zylinder

Nackte Wahrheit: Opa hat doch gebeult

Showroom condition: Dieses Auto steckt hinter der Anzeige oben. Doch bis es so aussah, kostete es reichlich Nerven und vor allem Geld

Der Markt
Viele Typen, hohe Laufleistungen

Nach irgendeinem T-Modell der Baureihe 124 muss auch heute keiner lange suchen, gepflegte Typen indes sind so selten wie Direktoren im Blaumann. Heerscharen von Handwerkern, Vertretern und Hundebesitzern haben diesen einstigen Lifestyle-Kombi für „Transport und Touristik" konsequent genutzt, vollgepackt bis unters Dach und locker mit dem ersten Aggregat 300 000 Kilometer Asphalt fressen lassen. Folge: Die Masse der T-Modelle ist gnadenlos runtergeritten, der 124 folgt insofern seinem 123-Vorgänger, beim Veteranentreff 2015 in Mannheim rarer als Rolls-Royce zu sein.

Immerhin: 340 503 Exemplare des 124er mit Steilheck wurden in zehn Jahren gefertigt, das letzte verließ im Februar 1996 das Band des Werkes Bremen.

Derzeit sind noch alle Zustände und Typen am Markt, bei den großen Autobörsen im Web – autobild, mobile, scout – sind es aktuell jeweils Hunderte E-Klasse-Kombis. Wer sich die Mühe macht und nach Hubraum eingibt (200, 220, 230 usw.) findet nochmals mehr.

Doch schon die Kilometerbeschränkung auf „max. 150 000" reduziert zum Beispiel bei mobile.de den Kreis der Kandidaten auf knapp 100 T-Modelle, mit Automatikgetriebe (empfohlen wegen Aufschaukeleffekt „Bonanza" beim Schalter) und Scheckheft-Nachweis bleiben gerade mal fünf. Das Online-Auktionshaus eBay hält im Schnitt ein gutes Dutzend Komplettfahrzeuge bereit, die meisten verdienen das Prädikat Bastelbuden.

Die Anzeige
Mercedes 200 T – 2300 Euro

„200 T, 120 800 km, 77 kW/105 PS, Schaltgetriebe, EZ 6/1986, Farbe: Grau. Winter-/Sommerbereifung, Radio, Bat-

terie neu, guter Zustand, Garagenfahrzeug, Privatanbieter, 70736 Fellbach." So stand es online zu lesen, und im Grunde ist alles falsch. Nur der Preis, der stimmt.

Ein T-Modell mit nur 120 000 Kilometern auf der Uhr. Garagenfahrzeug, guter Zustand, mein lang ersehnter T? Keine Chance, sich ein Bild zu machen, die Anzeige ist ohne Foto. Und Stuttgart-Fellbach aus Hamburger Sicht verdammt weit weg. Ein sprach- und mundartgewaltiger Kollege grätscht ein, erschwäbelt sich das Vertrauen der Verkäuferin und hört die unglaubliche, aber auch typische Geschichte: Opa geht's nicht mehr gut, er ist in letzter Zeit kaum noch gefahren, davor immer nur „höchstens acht Kilometer ins Schrebergärtle". Ein paar Apfelkistle habe er dort gelegentlich geladen, und natürlich sei der Wagen ebenso sauber wie unfallfrei.

Die Überführung
Mit Automatik butterweich

Was die Anzeige nicht verriet: „Er hoppelt wie ein Hase und zieht die Wurst nicht vom Teller." Unser Mann für alle Fälle, also auch für gefühlvolle Überführungen, hat Höhe Kassel Richtung Norden dennoch gute Nachrichten: Die fürs Hoppeln verantwortlichen defekten Luftspeicher der Niveauregulierungen kosten nicht die Welt, die Sitze sind dank Schonbezügen tatsächlich blitzsauber, und die Automatik schaltet butterweich. Automatik? Der Blick in Wagen und Papiere zeigt: Der „200 T mit Schaltgetriebe" ist ein 200 TE Automatik, die Erstzulassung fand nicht im Juni 86 statt, sondern erst im Juni 89, die Leistung beträgt immerhin 87 kW, also 118 PS, und „Grau" ist zurückhaltendes Bronze, heißt bei Mercedes „Impala-Metallic" und lässt den letzten unbeplankten T betont klassisch aussehen. Glänzende Aussichten also, endlich mal wieder einen Schnapper gemacht zu haben, was soll da noch schiefgehen?

So sauber ist „Brasil"

Keine Flecken, keine Risse und alles straff. Das mit Passform-Schonbezügen (sogar auf den Kopfstützen) geschützte Interieur „Brasil" präsentiert sich nach der Kur beim Car-Cleaner im 1a-Zustand. Einschließlich Laderaum (rechts)

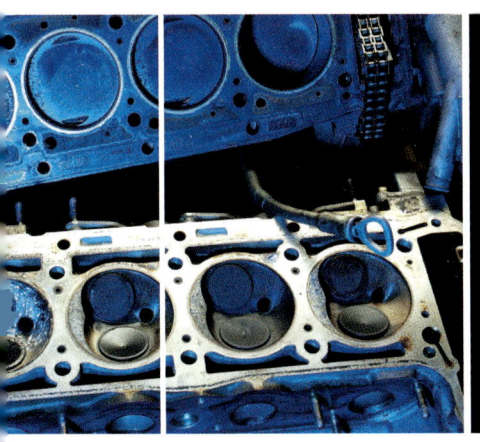

So sieht ein Totalschaden aus: Auslassventil des vierten Zylinders am Ventilschaft abgerissen und in den Verbrennungsraum gefallen, wo es bei hoher Drehzahl ein Bild der Verwüstung anrichtete (großes Foto). Kolben mit circa Fünf-Mark-Stück-großem Loch (li.), Kerze regelrecht zerschlagen. Ursache unklar. Materialermüdung? Eher wohl zu hohe Drehzahl nach langer Standzeit

Der Totalausfall
Bei 150 hat es peng gemacht

Bernd Aust ist kein Mann großer Worte. Der Mercedes-Spezialist aus Hamburg-Altona sagt nur leise: „Sieht übel aus." 150 Euro kostet der Abschlepper ins 50 Kilometer entfernte Ziel an der Elbe – „aber heute garantiert nicht mehr". Zuvor auf der A 7 in Höhe Garlstorf hat es einfach nur peng gemacht. Ein lauter Knall „bei Tacho höchstens 150". (Bürschchen, wir reden später darüber.) Und schon wurde aus dem schönen Vier- ein zuckeliger Dreizylinder. „Vermutlich ein Ventil abgerissen", sagt der professionelle 124er-Verarzter. Er sollte, wie immer, recht behalten.

Die Diagnose
Kopf runter – Rübe ab?

Nein, ich werde dem Fahrer keine Schuld geben, er hat schon ganz andere Standuhren und Problemfälle sichersanft von A nach B getragen. Das Bild des Grauens glänzt bläulich-silbern und präsentiert nach der Demontage des Zylinderkopfs eine nahezu künstlerische Kraterlandschaft: Das Auslassventil des vierten Zylinders ist am Ventilschaft abgerissen und hat den oberen Teil des Kolbens, den Kolbenboden, regelrecht zerstückelt – Reparatur sinnlos. „Tja, so was passiert. Selten, aber es passiert. Das ist einfach nur Pech!" Bernd Aust versucht zu trösten, nimmt seinen Mann fürs Grobe in die Pflicht („Einspritzanlage runter, die brauchen wir noch!") und liefert eine Kür.

Die Möglichkeiten
Neu, gebraucht oder überholt

Die E-Mail erreicht mich, als ich nach vergeblicher Suche bei großen Verwertern frustriert beschlossen habe, den gestrandeten T ins übliche eBay-Umfeld der Benz-Bastelbuden zu stellen. „Sie haben jetzt drei Möglichkeiten", so rät es Meister Aust, „Neumotor vom Instandsetzer. Hier sind alle Teile neu (Kolben, Ventile, Nockenwelle, Lager, Ringe etc.) bzw. überholt (Kurbelwelle, Block). Nur die Anbauteile wie Lichtmaschine, Einspritzanlage etc. sind nicht dabei. Preis liegt bei 2150 Euro plus MwSt. 2.: Gebrauchter Motor (Laufleistung zwischen 80 000 und 150 000). So einen könnte ich aus Berlin von einem zuverlässigen Händler bekommen. Preis ohne Transport liegt bei netto 950 Euro. Und 3.: überholter Motor mit null Kilometern (ähnlich Neumotor). Preis ohne Transport bei 1750 Euro plus Steuer."

Die Wahl fällt auf Lösung zwei: gebrauchter Vergasermotor aus seriöser Quelle. 90 000 glaubhafte Kilometer. Der Umbau inklusive Montage der Einspritzanlage liegt bei 500 Euro plus Material für Dichtungen, Öl usw. Also: Augen zu und durch.

Die Möglichkeiten
Neu, gebraucht oder überholt

Was danach passiert, ist eine Sache, die nur mich was angeht. Die gute Nachricht: Unter den Passform-Bezügen kam das gute alte Mercedes-Sofa zum Vorschein – Stoff, braun (Brasil). Zustand: neuwertig, sogar die lin-

TECHNISCHE DATEN
Mercedes-Benz 200 TE

EZ 6/89 • 87 kW (118 PS), Hubraum 1996 cm^3 • Spitze 175 km/h • Reifen 195/65 R 15 91 T • Maße 4765/1740/1490 mm (L/B/H), Leergewicht 1460 kg, Anhängelast 1500 kg • Lackierung Impala-Metallic, Sitze Stoff braun (Brasil) • Ausstattung: Automatik, automatisches Sperrdifferenzial (ASD), elektrisches Schiebe-/Hebedach, Zentralverriegelung, Radio Becker Grand Prix Kassette, Trennnetz, Armlehne mit Ablagebox vorn, elektrische Fensterheber vorn, Hecklautsprecher • Erstzulassung auf Werksangehörigen, ab 1990 in einer Hand (Jahrgang 1923) • Scheckheft lückenlos • Laufleistung aktuell 123 900 km

FAZIT

Oldtimer bergen immer auch ein finanzielles Risiko – sogar ein solider Mercedes. Vor allem wenn der eigene Qualitätsanspruch hoch ist, übersteigen die Kosten oft den aktuellen Wert. Wer rein betriebswirtschaftlich rechnet, wird da schnell unglücklich. Daher kurz die Erinnerung: Das hier ist ein Hobby, kein Geschäftsmodell.

Typische 124er-Wunde: Wagenheberaufnahme. Weil dieser Typ noch keine Beplankung hat, liegen die Stellen offen. Es muss geschweißt werden (re.), danach grundiert. Ergebnis: ganz rechts

Opas Kratzer müssen weg. Also: Lack neu im sowieso grundsätzlich kritischen Heck-bereich (C- und D-Säule unten), und damit es kein „Schachbrett" gibt, werden alle vier Türen gleich mitgemacht. Links: Die diversen Rechnungsbelege füllen einen Aktenordner

ke Wange des Fahrersitzes ist nicht abgeschubbert, und Opa scheint ein Leichtgewicht gewesen zu sein – alles straff. Jetzt nur noch die anderen Positionen abarbeiten: Dämmmatte Motorhaube (70 Euro), Türhalteband vorn links (70 Euro), Stoßfängerschienen (zweimal 120 Euro), Luftspeicher-Niveauregulierung (320 Euro), TÜV/AU mit Twin-Tec-Kaltlaufregler für Euro 2 (zusammen 300 Euro) und natürlich der überfällige 120 000er-Wartungsdienst (500 Euro). Die schlechte Nachricht: Der Wagen ist im Blech kerngesund, mit Ausnahme der Wagenheberaufnahmen frei von Rost. Um Himmels Willen: Fangen wir etwa demnächst noch an, ihn hübsch zu machen?

Tatsächlich ist es so, dass Opas Ein-park-Beulen nach so viel Aufwand spätestens auf dem Parkplatz vorm

Nobel-Italiener beginnen zu kratzen. Der Kostenvoranschlag von A- bis D-Säule: Montepulciano-beschwingte 2500 Euro. Am Ende ist Impala-Metallic 441 noch mal teurer, denn nicht nur der Grappa, auch Konservierungsmittel gehen ins Geld, original Kanaldeckel-Alus sowieso (650 Euro).

Die Firma Aust hat perfekte Arbeit geleistet, an mir und am TE. Mein klassischer Kombi ist nun viel schöner als diese anthrazitfarbene 300-TE-Hundehütte und hat – ganz wichtig – viel weniger runter. Eines werde ich garantiert nicht tun: zusammenzählen, was das alles gekostet hat. Schließlich waren da noch der Lenkungsdämpfer, die neuen Reifen, die Zulassung, das Wunschkennzeichen, der car-cleaner ...

So wecken Sie Autos aus dem Tiefschlaf

Wer träumt nicht davon, einen stillgelegten Klassiker aus seinem Dornröschenschlaf zu wecken? Schritt für Schritt gelingt es ohne Schaden.

FOTOS: T. STARCK (6), ANDREAS KESSLER (2)

■ Wenig Kilometer, jahrelang abgemeldet – solche Klassiker tragen in Verkaufsanzeigen oft den Zusatz „Scheunenfund". Ein Stichwort, das Oldiefans elektrisiert. So groß ist der Reiz, einen schlummernden Schatz wiederzubeleben.

Obwohl der Zustand solcher Funde stark variiert. Von leicht verstaubt bis total verrottet ist alles möglich (siehe auch Seiten 38 bis 47). Eines haben sie gemeinsam: die Standschäden. Schon nach wenigen Monaten können kapitale Kosten für eine Reanimation anfallen.

AUTO BILD KLASSIK war dabei, als ein BMW 320 der Baureihe E21 seinen Weg aus der Garage zurück auf die Straße fand. Wachgeküsst hat ihn kein Prinz, sondern ein Papst: „Autopapst" Andreas Keßler aus Berlin.

Sein Scheunenfund hat sich in Berlin-Lichterfelde die Räder platt gestanden. Hinter einem verrosteten Garagentor kommt ein BMW 320, Baujahr 1976, zum Vorschein. Original 63 000 Kilometer, rostfrei, letzter TÜV 1995.

„Ein Traum", sagt Keßler. Der rote Lack ist nur verstaubt, nicht verblichen. Der Motorraum prä-

sentiert sich öl- und schmutzfrei. Zierstreifen, Räder, Schaltknauf, Luftsammler und Herstellerplakette outen diesen E21 auf den ersten Blick als Alpina. Aber spätestens der Fahrzeugbrief mit Zusatzblatt bremst jede Euphorie brutal aus: Die ersten beiden Besitzer haben den BMW nachträglich veredelt und jedes Detail eintragen lassen. Der bisher letzte Besitzer kauft den 3er 1980. Viel fährt er nicht, zuletzt nur noch am Wochenende. Nach 1995 verlässt das rote BMW die Garage gar nicht mehr.

Für 2000 Euro darf Keßler ihn ins Freie rollen. Einziger erkenn-

barer Mangel ist der durchgerostete Auspufftopf. Mit frischer Batterie signalisieren sämtliche Kontrollleuchten sofortige Betriebsbereitschaft. Rückleuchten und Scheinwerfer strahlen vertrauenerweckend, können den Autopapst aber nicht blenden. „Auch wenn die Verlockung groß ist – den Zündschlüssel drehe ich bewusst nicht weiter. Zu groß ist die Gefahr eines Motorschadens." Erst den Motor mit einem Ringschlüssel auf der Kurbelwellenschraube prüfen. Ventildeckel abnehmen: Nockenwelle und Ventiltrieb zeigen sich ohne Befund,

Transport

Den BMW auf eigener Achse zu überführen ist zu gefährlich – auch wenn es nur ein paar Kilometer sind. Mietanhänger gibt es schon ab 50 Euro pro Tag. Wer den Scheunenfund in einer Werkstatt überholen lässt, wird dort sicher auch Hilfe beim Transport finden.

Per Seilwinde geht es auf den Trailer, anschließend wird der BMW noch mit Gurten festgezurrt

Mechanik

Motor und Getriebe sind intakt, also bleibt der Aufwand überschaubar. Bei den Bremsen gibt es keine Kompromisse: Lieber in neue Teile investieren. Auch wichtig: Federn und Stoßdämpfer auf Funktion prüfen lassen. Sie können im Alter an Wirkung verlieren.

Auch wenn sie noch gut aussehen – die über 30 Jahre alten Bremsschläuche gehören erneuert

Haben die Bremsscheiben noch genug Substanz? Die Schieblehre gibt Aufschluss über Verschleiß

Heißer Motor, undichter Benzinschlauch – eine gefährliche Kombination. Also Schläuche erneuern!

Wer den Vergaser zerlegt und reinigt, sollte sich genau notieren, wohin welche Düse gehört

Vandalen hatten die Schlösser zerstört. Neue Zylinder und Schlüssel gibt es beim BMW-Händler

Die Ersatzteillage beim E21 ist allgemein gut, auch Türschlösser sind noch zu bekommen

das Motoröl fließt problemlos in die Altölwanne.

Kerzen und Zündkabel sind noch brauchbar, Verteiler und Unterbrecherkontakt müssen dagegen erneuert werden. Ebenso der Endtopf. Fehlen nur noch frischer Sprit und Schmierstoff.

Nachdem beides eingefüllt ist, wagt Keßler den Griff zum Zündschlüssel. „Mein Puls fährt hoch, der Motor leider nicht. Keine Zündung, kein Sprotzer. Nichts."

Und nun? „Die Russenmethode." Keßler füllt Kraftstoff per Pumpzerstäuber in die Ansaugtrichter der Solex-Doppelverga-

Der Mann weiß, wie es geht: Auto-Experte Andreas Keßler und sein BMW 320

Flüssigkeiten

Nach mehr als 18 Jahren Standzeit hat jede Flüssigkeit im Auto ihr Verfallsdatum überschritten. Den Wechsel von Motoröl und Kühlflüssigkeit können auch Laien schaffen. Bremsflüssigkeit tauschen und die Bremse entlüften sollte dagegen nur jemand, der sich damit auskennt. Oft vergessen: Auch das Getriebe kann nach so langer Zeit frisches Öl gebrauchen.

Kühlflüssigkeit hält nicht ewig. Schon gar nicht 18 Jahre lang. Nachfüllen nur bei kaltem Motor

Der Motor ist das Herz des Autos, Motoröl- und Filterwechsel gehören zum Pflichtprogramm

Bremsflüssigkeit zieht Wasser, sollte also spätestens alle zwei Jahre gewechselt werden

Elektrik

Beim BMW beschränkt sich die Arbeit an der Elektrik auf den Tausch des Zündverteilers, des Unterbrecherkontakts und der Pumpe fürs Wischwasser. Glück gehabt. Häufig nerven laienhafte Arbeiten an der Elektrik mit wüstem Kabelsalat und undefinierbaren Massefehlern. Ganz wichtig ist die Kontrolle der Anlasserkabel und der Ampere-Werte auf den Sicherungen. So lässt sich das Risiko eines Kabelbrands minimieren.

Aus Altersgründen gibt es Verteilerkappe nebst -finger, Unterbrecherkontakt und den Zündkondensator neu

Auspuff

Frühe E21 haben eine andere Heckschürze und ein stärker geschwungenes Endrohr. So ein „Schlangen-Auspuff" ist deutlich teurer. Es sei denn, man hat Glück und findet im Internet einen für 18,50 Euro inklusive Versand.

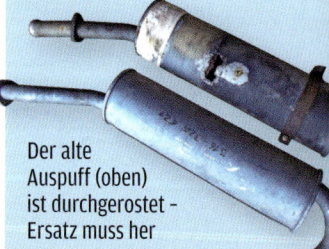

Der alte Auspuff (oben) ist durchgerostet – Ersatz muss her

---

ser. Der Motor dreht kurz hoch. Nach einigen Wiederholungen steht fest: Die nachträglich angebrachte elektrische Benzinpumpe funktioniert nicht. Nachdem ihre korrodierten Kontakte überholt sind, springt der Motor an – und läuft.

Eine Probefahrt mit den alten Reifen ist zu riskant. „Moment, ich hab' doch noch 15-Zoll-King-Felgen im Alpina-Design rumliegen." Die Optik stimmt. Letzte Zweifel beseitigt ein Felgengutachten aus dem Internet. Es ist zwar längst nicht mehr gültig, aber trotzdem hilfreich: „Damit kann ich die vor 32 Jahren bestehenden Umrüstungsmöglichkeiten beim E21 nachweisen."

Am Ende schafft der 3er die Hauptuntersuchung und das H-Kennzeichen ohne Mängel. Er hat 18 Jahre Pause gut überstanden und darf jetzt wieder regelmäßig auf die Straße. Andreas Keßler ist zufrieden: „Mein 320 war ein echter Glücksfall. Insgesamt hat mich das Wachküssen gerade einmal 1400 Euro gekostet."

Nur 18,50 Euro für den neuen BMW-Auspuff - Glück gehabt bei eBay

FOTOS: T. STARCK (11), ANDREAS KESSLER

DAS SIND DIE KOSTEN

Motoröl und Ölfilter	17,90 €
Ventildeckeldichtung	9,50 €
Bremsflüssigkeit	12,95 €
Bremsschläuche	19,00 €
4 King-Räder, 7 x 15", Alpina-Look (gebraucht)	240,00 €
Räder strahlen und pulverbeschichten lassen	516,00 €
4 Reifen, 195/50 R 15	196,00 €
Reifenmontage	36,00 €
Verteilerkappe und -finger	24,10 €
Auspuffendtopf	18,50 €
Befestigungssatz	22,00 €
Kupplungsgeberzylinder	69,60 €
Kupplungsnehmer, Reparatursatz	14,80 €
Lichtmaschinengummis	15,00 €
Schloss-Satz	130,00 €
Kühlerfrostschutz	27,95 €
Kraftstoffschlauch	30,00 €
	1399,20 €

Der alte Sitz ist weder original noch bequem. Weil beide Sitze die gleiche Konsole benutzen, lässt sich ein deutlich komfortablerer Recaro-Sitz einbauen. Intakte Sitze für den E21 sind nicht einfach zu finden.

Sitze

Der Scheel-Schalensitz hält den Fahrer wie ein Schraubstock. Echter Sitzkomfort ist das nicht

Der Zweck heiligt die Mittel: Der Sitz stammt vom Opel Manta B. Inzwischen ist er neu bezogen

Die Reifen am BMW stammen noch aus dem vorigen Jahrtausend. Ihr Gummi ist total ausgehärtet und rissig – jeder einzelne eine tickende Zeitbombe. Weil das originale Format 185/70 R 13 zu teuer ist, gibt es günstige 15-Zöller.

Reifen

Die flacheren neuen Reifen stehen dem 3er-BMW fast so gut wie die Originalreifen mit der hohen Seitenwand (rechts)

FAZIT

So ein Scheunen- oder Garagenfund ist ein Traum. Aber nicht jeder hat so viel Glück wie Andreas Keßler mit seinem BMW 320. Oft trübt neben schlechtem Licht auch der faszinierende Anblick eines verstaubten Wracks den Blick für die Realität. Langzeitparker also besonders gründlich besichtigen! Blech und Mechanik sollten in Ordnung sein. Das Beheben der unvermeidlichen Standschäden ist in den meisten Fällen schon teuer genug.

Andreas Keßler und Tochter Rhoda mit dem BMW 320 bei der Rallye Avus Classic

Expertentipps für Scheunenfunde

Jeder Scheunenfund ist anders, die nötigen Arbeiten aber immer ähnlich. Hier die wichtigsten Tipps

TRANSPORT
◗ Fahrzeuge, die lange standen, gehören auf den Anhänger.
◗ Soll das Auto geschleppt werden, Schleppgenehmigung besorgen (Zulassungsstelle), Abschleppstange nutzen.

MECHANIK
◗ Auf keinen Fall den Motor starten. Ohne Vorarbeit drohen teure Schäden.
◗ Zündkerzen raus, Ventildeckel ab und vorsichtig an der Riemenscheibe versuchen, die Kurbelwelle zu drehen. Keine Gewalt anwenden!
◗ Wenn die Kurbelwelle nicht dreht: Rostlöser in die Zündkerzen-Öffnungen geben, über Nacht einwirken lassen, dann mit etwas Öl in den Zylindern erneut probieren.
◗ Bewegt sich etwas, langsam drehen und dabei die Ventile/Kipphebel beobachten. Pro Umdrehung sollte sich jedes Ventil einmal vollständig öffnen und schließen – ohne die Kolben zu berühren. Falls doch, sofort Stopp, nicht weiterdrehen! Hier stimmen die Steuerzeiten nicht. Ab zum Experten.
◗ Blockiert der Motor weiterhin: zerlegen und gründlich reinigen.
◗ Bremsen: Klötze und Beläge müssen sich beim Tritt auf das Pedal leicht hin und her bewegen.
◗ Kleben die Beläge an der Bremsscheibe fest, hilft entsprechender Reiniger, der genügend lange einwirken soll. Danach Klötze ausbauen und zumindest auf der Bremsfläche mit Schleifpapier aufrauen. Besser: neu kaufen.
◗ Kraftstoff- und Bremsschläuche werden im Alter spröde oder undicht. Also Neuteile rein.
◗ Fehlende Schlüssel: Spezialisten wie Luke Lubbers (www.keyprof.com) benötigen für Ersatzschlüssel die Schlüsselnummer oder ein Schloss.

FLÜSSIGKEITEN
◗ Öl- und Filterwechsel sind Pflicht.
◗ Ab zwei Jahren Standzeit muss die Bremsflüssigkeit gewechselt werden.
◗ Kühlwasser und andere Flüssigkeiten wie Hydrauliköle nach langen Auto-Ruhezeiten erneuern.
◗ Auch Kraftstoff altert, Bestandteile zersetzen oder verflüchtigen sich. Wer auf Nummer sicher geht, lässt den Tank ab und entsorgt den Inhalt fachgerecht. Dabei den Tank auf Rost untersuchen.
◗ Bei mechanischen Spritpumpen das Sieb oberhalb der Membran in Waschbenzin tauchen und reinigen.
◗ Schwimmerkammer des Vergasers leeren. Verharzte Kraftstoffe mit speziellem Reiniger lösen und Düsen oder Kanäle freimachen.

ELEKTRIK
◗ Neue Batterie einbauen.
◗ Vor dem Anschließen Plus- und Masseleitungen zum Anlasser checken – bei defekter Isolierung droht Kabelbrand.
◗ Zündverteiler prüfen: Kontakte sollten ohne Grünspan sein.
◗ Sicherungen kontrollieren.

PROBELAUF
◗ Feuerlöscher bereitstellen.
◗ Motor ohne Zündkerzen von einem Helfer starten lassen (Zündschlüssel drehen und festhalten), auf ungewöhnliche Geräusche und Leckagen achten.
◗ Ist alles dicht und dreht der Motor, mit Zündkerzen starten.
◗ Springt er nicht an, Einstellung der Zündung und Abstand des Unterbrecherkontakts im Verteiler prüfen.
◗ Falls immer noch nichts passiert, prüfen, ob er Sprit bekommt und einen Zündfunken an der Kerze hat.

ANMELDUNG
◗ Den alten Fahrzeugbrief behalten. Alte Einträge helfen, die Historie zu rekonstruieren.
◗ Alle Unterlagen und alte Gutachten mitnehmen.
◗ Wenn der Fahrzeugbrief fehlt: Verlust im Kaufvertrag bestätigen lassen. Gut sechs Wochen Wartezeit für neue Papiere einkalkulieren.

Meine Karre, mein Kiez: Guido Thümmel posiert auf St. Pauli mit seinem 560 SEL. Mit den dicken Puschen und den Spoilern passt der Benz perfekt hierher

EINMAL ORIGINALZUSTAND, BITTE!

So werden Tuning-Opfer wieder seriös

Guido Thümmel aus Hamburg ersteigerte einen Mercedes 560 SEL, der auf den ersten Blick ganz schön peinlich war: tiefer, breiter, voll verspoilert. Hier erzählt er, wie aus der S-Klasse im Luden-Look wieder ein Original wurde

■ Ein kalter Winterabend im Hamburger Stadtteil St. Pauli, die Uhr zeigt kurz vor sieben, das Thermometer irgendwas um fünf Grad minus. Guido Thümmel posiert vor einem Striplokal an der Großen Freiheit, lehnt lässig an seiner tiefergelegten und voll verspoilerten Mercedes S-Klasse vom Typ W 126. Thümmel sieht aus, wie viele aussehen, die solch einen verhunzten Wagen fahren. Schwarze Stoffhose, dazu schwarze Lederjacke und dunkle Sonnenbrille mit weißem Plastikrahmen. Nur die spitzen Stiefel aus Kroko-Leder hat er heute vergessen.

Irgendwann hält ein bronzefarbener 124er neben der S-Klasse, der Fahrer kurbelt die Scheibe runter, tönt: „Das ist die Karre von Kalle, oder?" Der Mann, Typ Hausmeister eines Zweitliga-Luden, lässt nicht locker: „Den habt ihr doch von Kalle gekauft." Und dann fängt er an zu lachen, schnackt los in breitestem Hamburger Dialekt: „Der wollte bei Mercedes mit Karte bezahlen, aber die wollten seine Karte nicht, die wollten nur Bargeld von Kalle." Guido Thümmel ist das alles gar nicht recht. Jetzt wird er schon mit einer stadtbekannten Rotlichtgröße in Verbindung gebracht. Und das alles, weil sein 560 SEL tiefer liegt und prollig verspoilert ist. Also, nee. Der Plunder muss runter.

Mercedes S-Klasse vom Typ W 126. Thümmel muss bei diesem Wagen an seine Kindheit

FOTOS: T. RUDDIES (2)

Original: Guido Thümmel und der 560er nach dem Umbau

① SPOILER-TOSSSTANGE
ender? Lorinser? Oder illiger Japan-Kram? gal, die Plastikwülste n 80er-Jahre-Stil üssen runter

② AMG-RÄDER
Fette 18-Zöller von AMG, vorn mit 215er-Puschen, hinten das Format 255/45. Viel zu prollig, deshalb müssen die originalen „Gullydeckel" her

③ SEITENSCHWELLER
Irgendwer hat hier in einem Anflug von Manta-Wahn dicke Plastikteile angeschraubt. Immerhin in Wagenfarbe lackiert

④ TIFFERLEGUNG
Kürzere Federn in der Staatskarosse. Ja, der 560 SEL liegt vier Zentimeter tiefer. Wie lächerlich ist das denn?

151

UMBAU DES LUDEN-MERCEDES

GROSSE INSPEKTION
Als die Optik des 560 SEL stimmt,
geht es an die Technik

1 SPOILER, ÜBERALL SPOILER!
Das Plastikteil von AMG hat mit Lack und Montage mal 1100 Euro gekostet. Geblieben sind zwei hässliche Bohrlöcher, die noch zugeschweißt werden müssen. „Wenn der Spoiler fachgerecht montiert wurde, sollte es darunter nicht rosten", sagt Kfz-Meister Sven Seemann

2 WER HAT DIE SCHWELLER SO VERUNSTALTET?
Halb so wild, diese Seitenschweller: Sind die Plastikdinger von Mercedes-Tuner AMG, dann werden sie in die Serienlöcher geschraubt, Rostgefahr gleich null. Übrigens: Der Preis für dieses fragwürdige Accessoire beträgt 900 Euro inklusive Lackierung und Montage. Pro Seite!

3 NICHTS GEHT ÜBER ORIGINALE „GULLYDECKEL"
Auf dem 560 SEL waren 17 Zoll große AMG-Aluräder. Der Vorbesitzer investierte für Räder und Reifen etwa 7000 Euro. Die Originalräder, die Sven Seemann montiert - wegen ihres Designs Gullydeckel genannt -, stammen von einem Teileträger. Neu würde ein Rad 535 Euro kosten

4 NEUE DÄMPFER, NEUE FEDERN, FERTIG
Unser Benz lag vier Zentimeter tiefer, hätte fast als Schneeschieber herhalten können. 2900 Euro hat der Vorbesitzer sich diesen Spaß kosten lassen. Kfz-Meister Sven Seemann baut hier das originale Mercedes-Fahrwerk ein. So liegt der SEL höher und federt komfortabler

Der Dicke war zwölf Jahre im Amt

Ein Auto wie Uhu. Es wird produziert und produziert, und ein Ende ist nicht in Sicht. Im Fall des W 126 stellte Mercedes die Bänder erst nach zwölf Jahren ab. Von 1979 bis 1991 stand diese S-Klasse im Showroom, als Limousine mit kurzem (SE) und langem Radstand (SEL) sowie als Coupé namens SEC. Den 126er sah man in Hollywood und vor dem Bundeskanzleramt, er war das Symbol für wirtschaftlichen Erfolg. 818 000 Stück verkaufte Mercedes: historischer S-Klasse-Rekord, meistverkauftes Luxusauto der Welt. Unter der Haube arbeiten Sechs- und Achtzylinder-Motoren, die zwischen 156 und 300 PS leisten. 1981 bot Mercedes in der S-Klasse als erster Hersteller überhaupt einen pyrotechnischen Airbag an, der im Verkaufsprospekt noch als Luftsack bezeichnet wurde. Inzwischen gilt der 126er, das Meisterwerk des damaligen Mercedes-Designers Bruno Sacco, als gefragter Youngtimer.

MODELLGESCHICHTE

EINMAL ORIGINALZUSTAND, BITTE!

PFLEGE

LETZTER SCHLIFF FÜR UNSEREN ORIGINALEN 126ER

❶ AUSSEN SÄUBERN
Felgenspray? Echte Profis nehmen den Pinsel, arbeiten das Reinigungsmittel für die Aluräder penibel ein und kommen so in jede Ritze. Die Handwäsche für unseren W 126 dauert zwei bis drei Stunden – Grundlage für eine gute Aufbereitung

❷ POLIEREN
Poliert wird mit der Maschine, beim 126er ist das kein Problem. Designer Bruno Sacco hat wenig Sicken und dafür umso mehr gerade Flächen modelliert. Unseren Aufbereiter freut das. Er poliert den Lack gründlich und versiegelt ihn

❸ INNEN REINIGEN
Schönes Leder darf nach 20 Jahren und mehr ruhig Patina haben. Aber es muss gepflegt werden, braucht Feuchtigkeit. Der Aufbereiter von Car Tex (car-tex.de) in Hamburg hatte den W 126 einen Tag in der Mangel. Preis: 220 Euro

DAS HAT DER SEL GEKOSTET

Ausgaben

Kaufpreis	5000 Euro
Reparaturen:	
Zündkabel und Kerzen, Fensterheber hinten links, vier Federn und Stoßdämpfer, Niveauregulierung, Keilriemen, zwei Hardyscheiben, große Inspektion, Kaltlaufregler, diverse Kleinteile inklusive Arbeitslohn	6430 Euro
Schlachtwagen 560 SEL:	
Teileträger für Stoßstangen, Seitenschweller, Katalysator, Motorsteuergerät, originale Aluräder	1850 Euro
Gesamtkosten	**13 280 Euro**
./.Einnahmen	
Verkauf Stoßstange hinten, Seitenschweller, Aluräder, Federn und Dämpfer, Einzelteile Schlachtwagen	2000 Euro
Gesamtinvestition 560 SEL	**11 280 Euro**

UPPS, DA GING WAS SCHIEF
Eine Spoilerstoß-stange ging beim Ausbau kaputt, ist jetzt unverkäuflich

denken. Papa war damals Konzertveranstalter, chauffierte die Stars im dicken Benz. 1990 durfte der Filius ans Steuer. Er hatte gerade den Führerschein bestanden. Seine erste Fahrt in Papas langem 500er von Delmenhorst nach Hamburg vergisst er nie.

20 Jahre später holt ihn die Zeit ein. Acht Wochen schon fahndet er bei eBay nach einer langen S-Klasse, aber unter 7000 Euro tut sich nichts. Dann kommt dem Hamburger der umoperierte Benz vor die Flinte. Japan-Import, angebliche Laufleistung 76 500 Kilometer, wahrscheinlich stimmt das nicht, vermutlich fehlt vorn eine eins. Thümmel denkt nicht weiter nach, bietet 5001 Euro und 49 Cent. Drei, zwei, eins – seins. „Der Vorbesitzer hatte das Auto im Januar 2010 aus Japan geholt und allein 1500 Euro für die Verschiffung bezahlt", erklärt er. Und mutmaßt: „Ich glaube, er hat sich mit der S-Klasse verhoben." Um die 30 Liter Super gönnt sich der Dicke im Stadtverkehr, das verkraftet nicht jeder. Und nicht jedes Konto.

Auf der Heimfahrt macht sich Thümmel so seine Gedanken. Ist der hart! Sieht der doof aus!

TECHNISCHE DATEN

Mercedes 560 SEL

V8, vorn längs • zwei Ventile pro Zylinder • eine oben liegende Nockenwelle pro Zylinderreihe • Hubraum 5547 cm^3 • Leistung 205 kW (279 PS) bei 5200/min • max. Drehmoment 430 Nm bei 3750/min • Hinterradantrieb • Vierstufenautomatik • Reifen 225/60 R 15 • L/B/H 5160/1820/1446 mm • Kofferraum 505 l • Tankinhalt 90 l • Spitze 240 km/h • 0-100 km/h 7,3 s • Normverbrauch im Drittelmix 17,3 l Super • CO_2 401 g/km

Neupreis 1990: 72 363 Euro

STAATSKAROSSE
Bundespräsident Richard von Weizsäcker ließ sich in den 80er-Jahren in einer S-Klasse chauffieren, Bundeskanzler Helmut Kohl auch. Der W 126 war Stammgast in der Tagesschau

DAS COUPÉ
Der Zweitürer (SEC) wurde ab 1981 gebaut – nur als Achtzylinder

DIE ERSTE SERIE
Bis 9/85 waren die Verkleidungen unten grau und geriffelt

Das Fahrwerk, die Spoiler – auf einmal ist ihm das Ganze peinlich, die Zweifel beginnen. Würde er ihn in Einzelteilen verkaufen, dann hätte er die 5000 Euro wieder, überlegt er sich. Zu Hause stellt er sein eBay-Schnäppchen vor dem Nachbarhaus ab. Feine Wohngegend, die Leute stehen auf Understatement und kreuzen bei der Neuwagenbestellung stets den Punkt „Wegfall Typbezeichnung" an. Am nächsten Morgen klingelt der Nachbar. „Brauchst du Geld?", fragt er und zeigt auf die verspoilerte Karre. Und dann bittet er ihn: „Park den Wagen woanders, aber nicht vor meinem Haus."

Es ist der Zeitpunkt, als Guido Thümmel beschließt: Jetzt werde ich seriös. Er kauft einen weiteren 560 SEL als Teileträger – für 1850 Euro. Da sind zwar keine Sitze mehr drin, aber die Stoßstangen im Farbton 199 sind gut, der Katalysator ist in Ordnung, die Seitenschweller sind okay, das Motorsteuergerät und die „Gully"-Räder baut er aus.

Den Rest erledigt der Hamburger Mercedes-Spezialist Bernd Aust. All das, was irgendein Japaner in irgendeinem Tuning-Katalog gekauft hat, weil es so europäisch aussieht, kommt runter.

Spezialisten geben dem Benz die Würde zurück

Die Spoilerstoßstangen? Weg! Das Sportfahrwerk inklusive kurzer Federn? Raus! Der Spoiler auf dem Kofferraumdeckel? Ab dafür! Die AMG-Räder mit den extrabreiten Reifen? Runter!

40 Stunden brauchen die Experten von Aust, um dem „Luden-Benz" seine Würde zurückzugeben, montieren vier originale Stoßdämpfer, heben mit neuen Federn die Bodenfreiheit aufs Prospektmaß, bringen die Technik auf Vordermann. Der Aufbereiter poliert und versiegelt den Dicken, bringt das Interieur auf Vordermann.

Machen wir die Rechnung auf: 13 280 Euro investiert Guido

VOILÀ: DER ORIGINALZUSTAND!

Papa und Töchterchen: Guido Thümmel und Greta finden die S-Klasse im Originalzustand viel besser. Die orangefarbenen Blinkleuchten folgen – ganz bestimmt!

DIE KRITISCHEN STELLEN DES MERCEDES W 126

Blendend angehübschte Hütte oder Sammlerfahrzeug? 126er findet man in jedem Zustand, doch nur die Guten haben eine Zukunft. Der erste Prüfpunkt: der Heckscheibenrahmen. Ist er so stark angerostet wie auf dem Bild links oben, lässt man das Auto lieber stehen – Originalbleche gibt es nicht mehr. Ebenfalls gravierend: Rost an der Bremsmomentabstützung der Vorderachse, an vielen Autos findet sich Flickschusterei. Zu einer professionellen Instandsetzung muss die gesamte Vorderachse ausgebaut werden. Unter den seitlichen Flankenschutzleisten ("Sacco-Bretter") nistet sich der Gilb an den Befestigungspunkten ein. Auch Wagenheberaufnahmen, Türunterkanten und Radläufe rosten. Die Motoren sind bei guter Pflege nahezu unzerstörbar, doch auch sie haben Schwächen: Eingelaufene Nockenwellen und verschlissene Schlepphebel kommen vor. Ist nach dem Motorstart ein helles Tickern zu hören und verschwindet nach einigen Minuten nicht, sind die Hydroelemente verschlissen. Rasselt der Motor beim Anlassen, ist bestimmt der Kettenspanner defekt.

1 Rostender Heckscheibenrahmen: mit einer Taschenlampe vom Kofferraum aus kontrollieren
2 Bremsmomentabstützung der Vorderachse: Findet sich hier Rost, muss die Achse raus
3 Ölverlust: Schwitzen darf er, tropfen nicht. Auch Lenkgetriebe und Differenzial prüfen

Thümmel in seinen 560 SEL, 2000 Euro nimmt er beim Verkauf der Spoilerstoßstangen, Seitenschweller und AMG-Räder ein. „Einen vergleichbaren Wagen gibt es nicht für das Geld." Kfz-Meister Sven Seemann von Mercedes-Spezialist Aust sieht das anders: „Lieber etwas mehr ausgeben und einen SEL mit Serviceheft kaufen, so was gibt's noch." Vor allem: Ohne Schlacht-560er hätten neue Alus, Stoßfänger und Schwellerverkleidungen alleine fast 5000 Euro gekostet.

Ach ja: Seit die Spoiler ab sind, darf Guido Thümmel wieder vorm Haus des Nachbarn parken. Und die Sonnenbrille hat er nur fürs Foto und auch nur sehr widerwillig aufgesetzt. Denn im wirklichen Leben arbeitet er als Logistiker für den Zeitungsvertrieb im Axel Springer Verlag. Also ganz seriös.

FAZIT

Bei Tuning scheiden sich die Geister. Für die einen ist es unbedingt erhaltenswertes, schrilles Zeitkolorit, für die anderen nur ein Verbrechen am Design. Hier hilft es, den Einzelfall zu betrachten: Die Szene lebt von der Vielfalt – frühes Tuning gehört ganz sicher dazu. Es wäre schön, wenn einige überleben dürfen.

So einfach ist der Seitenwechsel

Klassiker von der Insel sind reizvoll – wäre da nicht das Problem mit der Rechtslenkung. Die Lösung: einfach auf links umbauen! Am Beispiel MGB zeigen wir, wie's funktioniert

Als Fahrer auf der rechten Seite zu sitzen hat natürlich auch Vorteile – nicht nur im Linksverkehr in Großbritannien. Auf engen Straßen zum Beispiel: Wenn du rechts fährst und dabei rechts lenkst, kannst du dichter am rechten Rand bleiben. Oder beim Aussteigen: Die Gefahr, dabei die Tür einzubüßen oder einen Radfahrer zu erwischen, sinkt, denn du landest ja direkt auf dem Gehweg. Sogar bei Konflikten mit dem Gesetz könnte ein Rechtslenker mit verwaistem linken Sitz hilfreich sein: ein Radarfoto ohne Fahrer? Da war wohl einer autonom unterwegs…

Klar ist aber auch: Im Alltag überwiegen die Nachteile. Deine Überholchancen schwinden, weil du hinterm Lastwagen nichts vom Gegenverkehr siehst oder dem Beifahrer vertrauen musst. Mit der linken Hand zu schalten, ist ebenfalls nicht jedermanns Sache. Und solltest du den Wert deines Oldies im Auge haben, dann sagt Marktfor-

scher Sascha Best von Classic Data: Linkslenker sind gefragter und werden bei selteneren Autos daher bis zu 30 Prozent höher gehandelt.

Alles in allem Anlass genug, meinen nächsten Engländer mit Linkslenkung zu fahren. Ein MGB sollte es sein, möglichst vor 1975 gebaut. Aber keiner aus den USA – und vor allem keiner mit dem schwülstigen Plastikcockpit, das die meisten Linkslenker verunziert. Mit anderen Worten: Ohne das schöne Armaturenbrett des Urmodells kommt mir kein MGB ins Haus.

Damit reduziert sich das an sich üppige Linkslenker-Angebot schon mal gewaltig. Aber es gibt einen Plan B: Du kaufst einen Rechtslenker und baust ihn um. Das hört sich vielleicht kompliziert an, ist aber machbar, bei geschickten Händen sogar in Eigenregie. Schließlich handelt es sich um einen Briten-Roadster. Und das bedeutet unter anderem, dass sich alle

---

HIER GEHT'S LEICHT

Die Guten und die Schlechten

Austin-Healey: Umbau gerade bei frühen Modellen problemlos, akzeptable Kosten

Jaguar E-Type: Kann sich lohnen, denn 70er-Jahre-US-Modelle sind „entschärft"

Morris Minor: geringer technischer Aufwand, Teile problemlos zu finden und günstig

Triumph TR 2-4: Umbau-Aufwand gering, gute und günstige Teileversorgung

Mini Cooper: Seitenwechsel bei frühen Exemplaren möglich, aber arbeitsaufwendig

FOTOS: HERSTELLER (3), C. MAGEE (2), H. ALMONAT, U. SONNTAG, W. BLAUBE, OLDTIMERGALERIE TOFFEN, G.V. STERNENFELS, C. BITTMANN

Ursprünglich war es ein Rechtslenker, dann aber entschloss sich der Autor, doch lieber links zu sitzen. Beim MGB kein Problem

Briten-Klassiker waren Exportschlager, da mangelt es nicht an Linkslenkern. Manchmal findet sich das Traumexemplar aber nur rechtsgelenkt auf der Insel. Wo könnte sich der Seitenwechsel lohnen?

HIER WIRD'S KOMPLIZIERT

Sunbeam Alpine: Machbar, viele Teile sind aber selten oder nicht mehr zu bekommen

Jaguar Mk 2: Gute Teileversorgung, aber hohe Kosten durch aufwendigen Umbau

Triumph Stag: schlechte Aussichten – vor allem mangels entsprechender Teile

Rover P5/P6: Umbau technisch nicht sinnvoll, Linkslenkerteile sind äußerst rar

Jaguar XJ (alle Generationen): sehr aufwendig und angesichts der Marktlage nicht lohnend

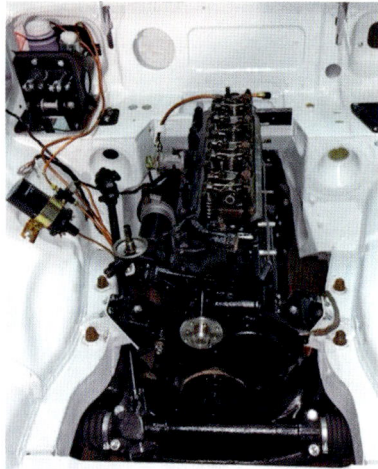

Oben: Pedalgehäuse mit Hauptbremszylinder in der ursprünglichen Position in Fahrtrichtung rechts. Unten im Bild die Lenksäule. Unten: dieselbe Pedalbox nun auf der linken Seite

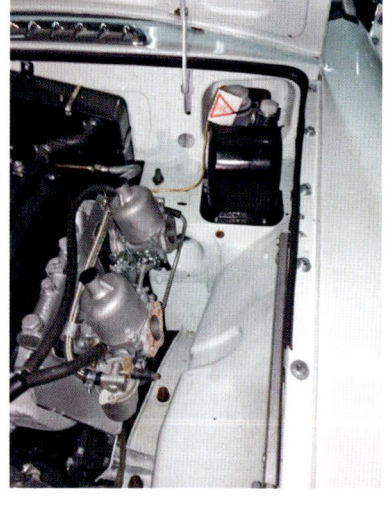

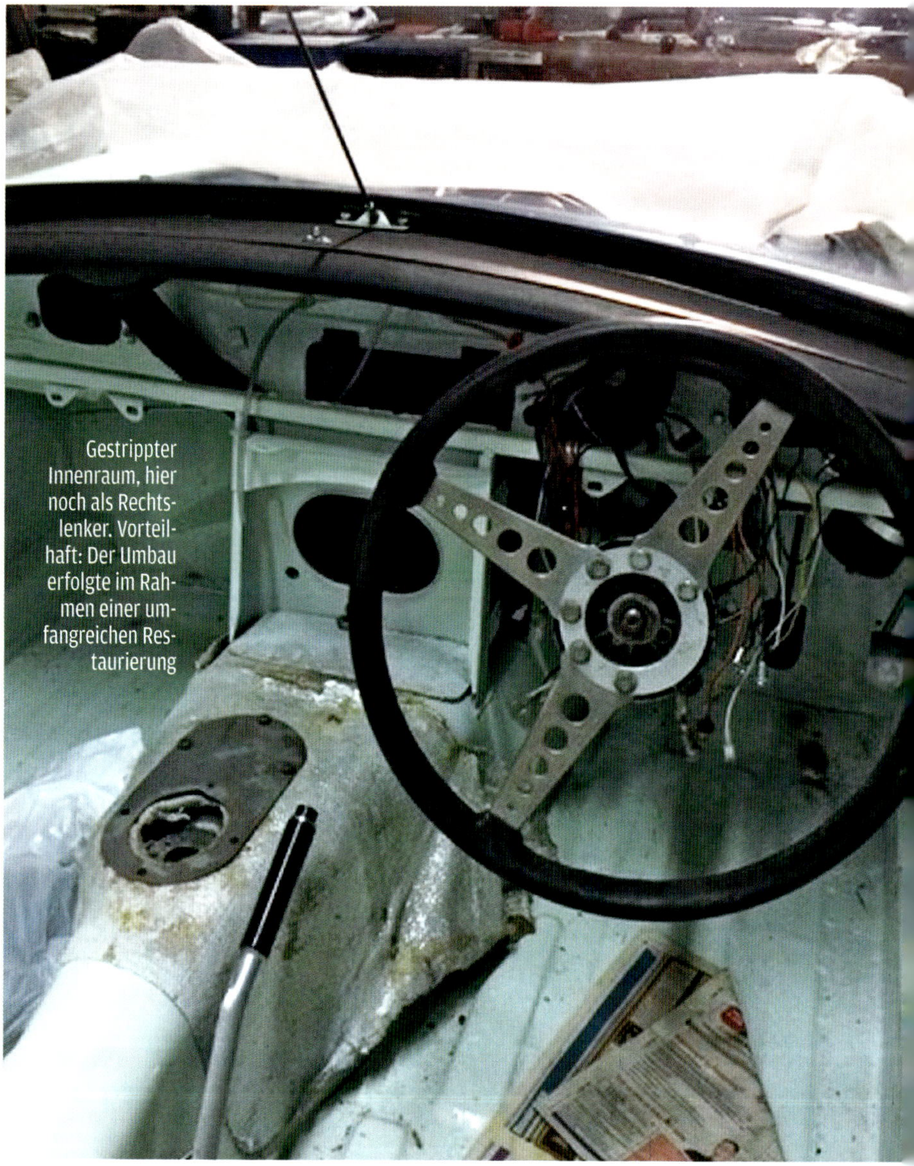

Gestrippter Innenraum, hier noch als Rechtslenker. Vorteilhaft: Der Umbau erfolgte im Rahmen einer umfangreichen Restaurierung

FOTOS: AUTO BILD SYNDICATION (5), G.V. STERNENFELS (2), PRIVAT

Teile in den Regalen zahlreicher Spezialisten finden – selbst das klassische Armaturenbrett in Linkslenker-Version. Außerdem Lenksäule und Lenkgetriebe und die nötigen Kleinteile. Die Pedalbox kann problemlos nach links versetzt und weiterverwendet werden.

Ein weiterer Vorteil des MGB: Wie bei den meisten britischen Roadstern gleichen sich Links- und Rechtslenker-Karosserien weitgehend. Das erleichtert den Umbau enorm, wie James Barton von MG-Spezialist Croydon Classics in East Sussex bestätigt. Über 400 Exemplare wechselten hier bereits die Seite (darunter auch Austin-Healey- und Triumph-Modelle). Der Aufwand im Fall des MGB beträgt zwei Tage und umgerechnet etwa 1800 Euro.

„Wir verwenden die echten Blecharmaturenbretter", betont Barton, von denen er sich einen Vorrat gesichert habe. Im Handel beschränkt sich das Angebot heute nämlich auf GFK-Nachbildungen – auch nicht schlecht, aber eben nicht ganz original. Ebenfalls wichtig: Bei späteren MGB ab 1975 (den sogenannten „Gummibooten" mit schwarzen Plastikstoßstangen) gestaltet sich der Umbau viel schwieriger. Besonders einfach glückt der Seitenwechsel laut Barton dagegen bei diversen Triumph.

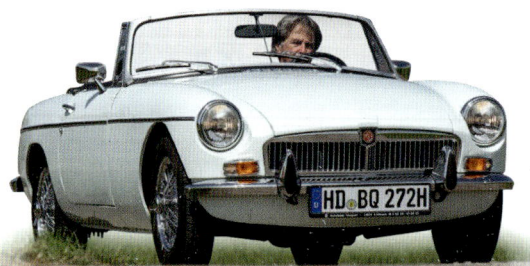

FAZIT

Linkslenker sind keine Seltenheit, denn viele Briten-Roadster gingen damals nach Amerika. Aber nicht immer gleicht die US-Version dem englischen Original. Oft, wie beim MGB, ist das zu ihrem Nachteil. In solchen Fällen kann sich ein Umbau lohnen – weniger in finanzieller Hinsicht als in puncto Fahrspaß. Ich jedenfalls habe seit dem Seitenwechsel viel mehr Freude an meinem MGB.

Das neue Armaturenbrett mit dem typischen Schrumpflack im originalen Stil ist eingebaut. Instrumente und Schalter werden übernommen

Am Ziel: Cockpit im traditionellen Stil, aber als Linkslenker. Und alles funktioniert!

DER REIZ DES EINFACHEN

Lenkgetriebe und Roharmaturenbrett als Ersatzteil. Der Rest wird vom Rechtslenker übernommen

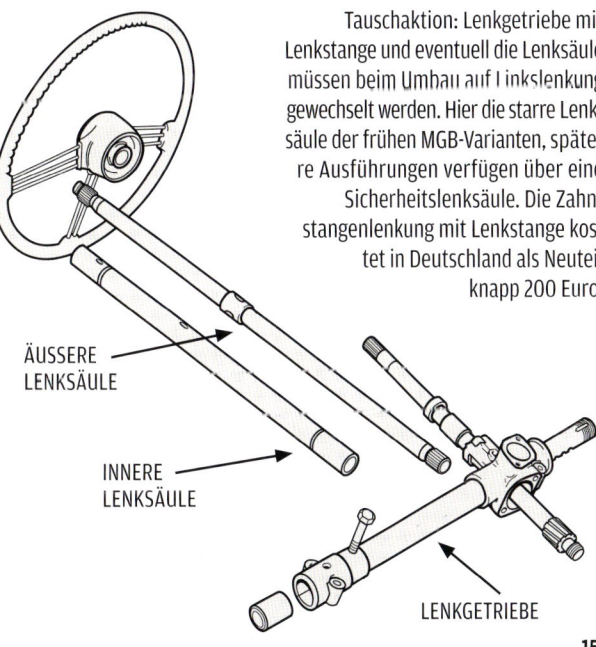

Tauschaktion: Lenkgetriebe mit Lenkstange und eventuell die Lenksäule müssen beim Umbau auf Linkslenkung gewechselt werden. Hier die starre Lenksäule der frühen MGB-Varianten, spätere Ausführungen verfügen über eine Sicherheitslenksäule. Die Zahnstangenlenkung mit Lenkstange kostet in Deutschland als Neuteil knapp 200 Euro.

ÄUSSERE LENKSÄULE

INNERE LENKSÄULE

LENKGETRIEBE

So klappt's mit den Papieren

Ein altes Auto, das lange abgemeldet war, wachzuküssen und auf die Straße zurückzuholen – darauf hat wohl jeder Lust. Auf den Papierkram eher nicht. Dabei kann der sehr spannend sein. Profis erklären, wie Sie an alle Dokumente kommen

■■■■ Altblech-Retter müssen sich mit amtlichen Dokumenten fast so gut auskennen wie mit Werkzeug – macht aber nichts, denn hier sind die Antworten auf alle wichtigen Fragen.

Wenn ich ein Auto für längere Zeit abmelden möchte: Wie sollte ich das tun?

Melden Sie das Fahrzeug beim Verkehrsamt ab (Zauberwort: Außerbetriebsetzung nach §14 Fahrzeug-Zulassungsverordnung), dazu müssen Sie den Schein vorlegen, und bewahren Sie die Zulassungsbescheinigungen Teil I und II – früher Schein und Brief – gut auf.

Und wie melde ich es wieder an?

Zur Wiederzulassung legen Sie Schein und Brief – oder Zulassungsbescheinigungen Teil I und II – bei der Zulassungsstelle vor.

Vorübergehende Stilllegung oder endgültige Abmeldung – was hat welche Konsequenzen?

Ein Fahrzeug kann unbefristet außer Betrieb gesetzt werden – das geht seit 2011, als die neue Fahrzeug-Zulassungsverordnung FZV in Kraft trat. Soll ein Fahrzeug nie wieder zugelassen werden, muss es endgültig außer Betrieb gesetzt werden (§15 FZV). Dazu muss aber ein Verwertungsnachweis vorgelegt werden. Vorsicht: Nach diesem Vorgang ist eine erneute Zulassung unmöglich; im Zweifel legen Sie ein Fahrzeug lieber nur vorübergehend still, siehe „Außerbetriebsetzung" oben.

Kann ein Fahrzeugbrief verfallen?

Nein. Wenn der letzte Halter aber die endgültige Außerbetriebsetzung beantragt und nach der Verschrottung einen Verwertungsnachweis vorlegt, wird der Brief (die Zulassungsbescheinigung Teil II, kurz: ZB2) entwertet – zu erkennen daran, dass eine Ecke unten abgeschnitten wird.

Ist ein Kraftfahrzeugbrief nach mehr als sieben Jahren der Stilllegung wertlos?

Nein. „Sieben Jahre nach der Außerbetriebsetzung darf das Kraftfahrt-Bundesamt (KBA) den Datensatz zum Auto aus dem Fahrzeugregister löschen", sagt Fahrzeugtechnik-Ingenieur Alex Piatscheck – was nicht heißt, dass die Betriebserlaubnis verfallen würde. Piatscheck weiter: „Soll danach das Auto wieder zugelassen werden und ist der Datensatz nicht mehr im lokalen Fahrzeugregister der Zulassungsstelle gespeichert, dann muss der Halter die erteilte Betriebserlaubnis nachweisen. Das geht unter anderem mit dem alten Brief oder Fahrzeugschein." Eine frische Hauptuntersuchung dazu, und der Fahrbetrieb kann wieder starten.

Und wenn die Papiere nicht mehr vorliegen?

Dann hilft ein Nachweis über eine

FOTOS: C. BITTMANN, MARK SCHÖNLEITER, R. RAETZKE

DER GUTACHTER

Alex Piatscheck,
Prüfingenieur (GTÜ),
www.oldtimertank
stelle.de

DER ANWALT

Mark Schönleiter,
Rechtsanwalt,
www.oldtimer-anwalt-
hamburg.de

gültige EG- oder nationale Typgenehmigung (CoC-Papier oder Datenbestätigung) oder die Vollabnahme.

Was bedeutet „Vollabnahme"?
Eine Vollabnahme oder Einzelabnahme ist ein Gutachten zur Erlangung einer Einzelbetriebserlaubnis nach § 21 StVZO – und zwar für ein Einzelfahrzeug, für das keine Typgenehmigung (ABE) vorliegt. Rechtsanwalt Schönleiter: „Die Vollabnahme durch einen amtlich anerkannten Sachverständigen (kurz: aaS) ist Voraussetzung für die Betriebserlaubnis, die von der Zulassungsbehörde erteilt wird." Im Rahmen dieser Abnahme muss zusätzlich zu den technischen Prüfpunkten auch überprüft werden, ob alle Baugruppen den Vorschriften der StVZO entsprechen. Die Kosten richten sich nach dem jeweiligen Aufwand – das können unter 100, aber auch mal über 1000 Euro sein. Wenn das Fahrzeug in Ordnung ist, erteilt die Zulassungsstelle dann die Einzelbetriebserlaubnis.

Wann löscht das Kraftfahrt-Bundesamt Daten stillgelegter Fahrzeuge? Nach Gesetz darf das KBA nach sieben Jahren die Datensätze löschen. Laut Piatscheck geschieht das aber zum Teil erst nach zehn Jahren.

Wenn ich den Fahrzeugbrief verbummelt habe oder ein Auto ohne Brief gekauft habe: Wie komme ich denn an den Brief, wie kann ich das Auto wieder zulassen?
Wenn Sie die Zulassungsbescheinigung Teil II verloren haben, melden Sie das sofort! Anwalt Mark Schönleiter: „Sie können dann bei der örtlichen Zulassungsstelle eine neue ZB2 beantragen. Die verlorene oder vernichtete Bescheinigung wird dann vom KBA im Verkehrsblatt online öffentlich aufgeboten", damit sich Leute melden können, die sie entweder gefunden haben oder die Rechte daran haben. Nach 14 Tagen ist die Aufbietungsfrist um. Wenn sich bis dahin niemand gemeldet hat, fertigt die Zulassungsstelle eine neue ZB2 aus. Der Datensatz dazu liegt in der Regel beim KBA

im zentralen Register, sofern er noch nicht gelöscht ist. Der Halter muss seine Angaben gegenüber der Zulassungsstelle eidesstattlich versichern, unter anderem dass er Eigentümer des Fahrzeugs ist (Kaufvertrag etc. vorlegen).
Welchen Unterschied macht es, ob das Auto seit weniger oder seit

mehr als sieben Jahren abgemeldet ist?
Wenn's länger als sieben Jahre abgemeldet ist, erlischt zwar nicht die Betriebserlaubnis – ist aber dann die ZB2 weg und sind die Daten beim KBA gelöscht, muss der Halter die Daten für das Verkehrsamt er-

Spannender Fall: Über die Fiat 1100, die die Firma Wendler Karosseriebau zu Cabrios umbaute, gibt's nur wenige Unterlagen - das kann die Wiederzulassung erschweren

Der Ford Rheinland vom Autohaus Hausmann in Passau – obwohl er deutlich länger als zehn Jahre abgemeldet war, reichen Brief, Fahrzeugschein und eine HU, und er darf wieder auf die Straße

Fälle aus der Redaktion

Deutscher Fahrzeugschein weg

Henning Hinze und sein mühsam zugelassener Volvo 480 Turbo

Wer den Brief hat, dem gehört das Auto; der Schein belegt, dass es zugelassen ist. Darauf kann man sich in Deutschland verlassen, selbst wenn die Schriftstücke mal umbenannt wurden und heute etwas technokratisch „Zulassungsbescheinigung Teil II" und „Teil I" heißen. Genau richtig also, dass ich für den abgemeldeten kleinen Volvo die Bescheinigung Teil II (vulgo: Brief) abgeheftet habe. Yippie, die Karre gehört mir, und heute melde ich sie an!

Auftritt Zulassungsstelle: „Junger Mann, das sagt doch schon der Name, dass nur beide Teile zusammen gültig sind, und zwar schon seit 2005." Nach all den dreckigen Fingernägeln, Werkstattrechnungen und TÜV-Gebühren also doch verschrotten? „Nein", säuselt die Stimme von der Zulassungsstelle. „Sie haben doch den Kaufvertrag. Jetzt besorgen Sie eine Unbedenklichkeitsbescheinigung der früheren Zulassungsbehörde. Dann versichern Sie uns an Eides statt, dass Sie selbst das fehlende Dokument verloren haben. Aber nicht lügen, dann droht Haft." Wirklich jetzt, das klappt: siehe Foto.

Ausländischer Fahrzeugbrief weg

Christian Steiger und sein nicht zulassungsfähiger Skoda 120 L

Kein Brief? Ach, kein Problem, Unbedenklichkeitsbescheinigung vom KBA holen und einen Wisch beim Verkehrsamt unterschreiben, dann geht's schon. Dachte ich. Deshalb, weil's früher mal so simpel war. Ist es aber nicht mehr. „Der ist nicht zulassungsfähig", sagt die Dame beim Verkehrsamt über meinen Skoda 120 L. Problem: Ich habe nur eine Kopie des tschechischen Briefs, aber kein Originalpapier. Der Vor-Vorbesitzer hat es verloren, vielleicht auch seine Exfrau oder deren Vater, dem der Skoda mal gehörte. Jedenfalls fordert das Amt eine eidesstattliche Versicherung über den Verlust. Und zwar von dem, der die Papiere verschlampt hat. Blöd nur: Der Vor-Vorbesitzer reagiert nicht, weil er meint, das Amt sei doof. Und jetzt? „Haben Sie ein Problem", sagt die Dame am Schalter. Und schon fällt mir's ein: Mensch, ich war's doch selber, der die Papiere versehentlich weggeworfen hat! Wie konnte ich's nur vergessen?

Keine Papiere vorhanden

Hans Hamer und sein Alfa Romeo Giulia Spider ohne Brief und Schein

Ja, so was gibt es wirklich: einen Alfa Giulia Spider als wenig gefahrenen Garagenfund. Das Julchen war erst fünf Jahre alt, als sein Besitzer es wegstellte, weil der traumhafte Vierzylinder mit zwei oben liegenden Nockenwellen schon 1968 einen Schaden hatte.

Eine schöne Restaurierungsbasis also, an die Kollege Hans Hamer kam, einem Bekannten sei Dank. Das Problem: Zum Auto gibt es weder Fahrzeugbrief noch -schein. Das Archiv des Museo Storico Alfa Romeo in Arese fand anhand der Fahrgestellnummer aber alte Unterlagen über die Erstauslieferung. Mit deren Hilfe wollte Hamer nun bei der Zulassungsstelle Ersatzpapiere besorgen, doch die Dame dort

schüttelte den Kopf: Nein, das geht nur nach einer Vollabnahme (Seite 162), und für die muss der Alfa abnahmefähig sein. Also muss Hans Hamer den Wagen erst fertig restaurieren, bevor er neue Zulassungsbescheinigungen beantragen darf.

bringen (§ 14 Abs. 6 Satz 5 FZV). Tipp also: Machen Sie Fotokopien oder Scans von den Papieren, und bewahren Sie sie separat auf. Wenn Sie nichts dergleichen getan haben, lesen Sie bitte auf der Seite 160 den Satz unter „Und wenn die Papiere nicht mehr vorliegen?". Haben Sie von alledem

FOTOS: PRIVAT (3), MEDIENDENK/KÖHLER, S. KRIEGER, TOM KIRCKPATRICK

Lancia Delta, Baujahr 1991, 13 Kilometer auf dem Zähler, nie angemeldet. Mit einer Ausnahmegenehmigung und etwas Glück kriegt man so etwas heute zugelassen

gar keine Daten? Dann brauchen Sie eine Vollabnahme und eine Einzelbetriebserlaubnis (siehe „Vollabnahme").

Welche Daten muss ich dann nachweisen?

Alle Daten, die im Fahrzeugschein (ZB1) stehen müssen, um das Fahrzeug komplett zu beschreiben. Bei einigen Fahrzeugarten müssen alle Felder ausgefüllt werden, bei Motorrädern zum Beispiel reichen einige wenige.

Wie komme ich denn an Daten, wenn mein Kraftfahrzeugbrief nicht mehr vorhanden ist und das KBA den Datensatz gelöscht hat?

„Sofern es den Hersteller oder ein Nachfolgeunternehmen noch gibt: Geben Sie ihm die Fahrzeugidentifikationsnummer durch, al-

so die Fahrgestellnummer, und fragen Sie ihn nach dem Datenblatt", rät Mark Schönleiter. „Unterlagen zum Fahrzeug könnten auch noch beim anerkannten Sachverständigen aufgefunden werden, wenn für das Fahrzeug einmal eine Betriebserlaubnis für ein Einzelfahrzeug erteilt oder zumindest ein entsprechendes Gutachten erstellt worden war. Der Sachverständige muss Gutachten und Prüfprotokolle zehn Jahre lang aufbewahren. Eine dortige Nachfrage lohnt immer – unter Umständen sind die Unterlagen noch nicht vernichtet und noch irgendwo archiviert", sagt Schönleiter. Piatscheck gibt den Tipp, es bei einer der Prüforganisationen (TÜV, DEKRA, KÜS oder GTÜ) zu versuchen: „Es gibt Prüfstellen mit Zugriff auf alle al-

ten Typgenehmigungen – die sind zum Teil im Bundesarchiv abgelegt, die Prüfstelle kann einen Auszug beantragen." Ein besonders umfangreiches Archiv hat der TÜV Süd aufgebaut.

Was ist der Unterschied zwischen einer Allgemeinen Betriebserlaubnis (ABE) und einer Einzelbetriebserlaubnis?

Einer ABE liegt immer eine Typgenehmigung zugrunde, die der Hersteller beim KBA für einen einheitlichen Fahrzeugtyp beantragt hat. Alle dann gebauten Fahrzeuge, die diesem Typ entsprechen, haben automatisch eine Betriebserlaubnis. Eine Einzelbetriebserlaubnis (EBE) wird immer nur für ein einzelnes Exemplar erteilt, zum Beispiel bei importierten Autos.

Kann eine Allgemeine Betriebserlaubnis oder eine Einzelbetriebserlaubnis verfallen? In welchem Fall?

Ja, laut §19 StVZO gibt es drei Möglichkeiten. In Absatz 2 steht klipp und klar: „Die Betriebserlaubnis des Fahrzeugs bleibt, wenn sie nicht ausdrücklich entzogen wird, bis zu seiner endgültigen Außerbetriebsetzung wirksam. Sie erlischt, wenn Änderungen vorgenommen werden, durch die 1. die in der Betriebserlaubnis genehmigte Fahrzeugart geändert wird" – zum Beispiel wenn ein Lkw zum Wohnmobil umgebaut wird –, „2. eine Gefährdung von Verkehrsteilnehmern zu erwarten ist" – zum Beispiel wenn unzulässige Räder angebaut werden – „oder 3. das Abgasoder Geräuschverhalten verschlechtert wird" – zum Beispiel wenn ein zu lauter Sportauspuff montiert oder der Kat herausgenommen wird. Bis 1993 führte fast jede Veränderung zum Verlust der Betriebserlaubnis.

Der Zustand des Fahrzeugs hat sich während der Stilllegung deutlich verschlechtert, zum Beispiel durch Rost. Verfällt dadurch die Betriebserlaubnis?
Nein. Das Fahrzeug kann zwar verkehrsunsicher werden und der Betrieb damit unzulässig, die Betriebserlaubnis bleibt aber bestehen.

Was ist bei Stilllegung und Wiederinbetriebnahme bundeseinheitlich geregelt – und was liegt im Ermessen der jeweiligen Zulassungsstelle?
StVZO und FZV gelten zwar bundesweit. Aber sie gestehen den Zulassungsstellen Spielräume zu – und die nutzt mancher Beamte nur zu gern. Zum Beispiel wenn es darum geht, zu beurteilen, wann „eine Gefährdung von Verkehrsteilnehmern zu erwarten ist", wie es in §19 StVZO steht. Anderes Beispiel: Der einen Zulassungsstelle reicht eine Kopie des alten Briefs, eine andere wird das nicht als Nachweis akzeptieren. Alex Piatscheck: „Es gibt auch Zulassungsstellen, die Dinge fordern, die das Gesetz so nicht vorsieht. Dies ist dann nicht zulässig!" Im Zweifel lesen Sie die Fahrzeug-Zulassungsverordnung FZV, dort § 14 (steht im Internet) und prüfen, ob der Beamte mehr verlangt, als da drinsteht.

Und was ist mit dem Glücksfall, den keiner auf der Rechnung hat: Ein Autohaus stellte 30 Jahre lang einen Neuwagen weg, der nie zugelassen wurde. Jetzt kann ich das Auto kaufen, aber wie kriege ich es zugelassen?
Mark Schönleiter: „Es trifft zu, dass als Oldtimer grundsätzlich nur Fahrzeuge anerkannt werden, die vor mindestens 30 Jahren erstmals in den Verkehr gekommen sind. So sieht es jedenfalls §2 Nr. 22 FZV vor. Gemeint ist damit das Datum der Erstzulassung, ob in Deutschland oder im Ausland. Wenn nun ein Fahrzeug nach beispielsweise drei Jahrzehnten erstmals zum Straßenverkehr zugelassen werden soll, erfüllt es an sich nicht die Voraussetzungen, ein H-Kennzeichen zu erhalten und die technischen Zulassungshürden zu nehmen." Die Rettung für solche Fälle ist §9 Absatz 1 Satz 4 FZV. Dort heißt es: „Die nach Landesrecht zuständige Behörde (Zulassungsbehörde) kann im Einzelfall bei der Berechnung des in § 2 Nummer 22 geforderten Mindestzeitraums bestimmte vor dem Zeitpunkt des erstmaligen Inverkehrbringens liegende Zeiten, in denen das Fahrzeug außerhalb des öffentlichen Straßenverkehrs in Betrieb genommen wurde, anrechnen." Der Tipp des Anwalts: „Lassen Sie einen amtlich anerkannten Sachverständigen oder Prüfingenieur ein Oldtimergutachten gemäß § 23 StVZO erstellen. Wenn Sie damit eine solche Ausnahme bei der Zulassungsstelle beantragen, kann ich mir nicht vorstellen, dass die Zulassungsstelle das H-Kennzeichen versagt."

Was ist der wichtigste Tipp für Halter, die ein lange stillgelegtes Auto wiederbeleben wollen?
Alex Piatscheck: „Klären Sie, ob der Fahrzeugbrief (ZB2) noch vorhanden ist."

FAZIT

Wenn alle Papiere vorliegen, geht eine Zulassung schnell und einfach. Wenn nicht, kann der Aufwand ziemlich Nerven kosten – doch eine Lösung gibt's eigentlich immer. Zumindest, solange das Fahrzeug nicht als gestohlen gemeldet ist.

So viel kostet der Spaß auf Dauer

Auto als Geldanlage: „Der ist doch ein Vermögen wert!", rufen Laien beim Anblick eines alten Autos. Schnell gilt der Besitzer als Lottogewinner. Irrtum. Wer sich die Mühe macht, einen künftigen Klassiker zu erhalten, der zahlt drauf. Hier die Langzeitbilanz des Mercedes-300-Fahrers Diether Rodatz

▬ An alles hatte ich gedacht, als ich ihn am 21. Mai 1973 kaufte. An meine Sandkastenfreundin, die unbewusst den Grundstein legte, weil ihr Vater in den 50er-Jahren schon so einen dicken Schlitten fuhr. An das Gesicht meiner Frau, der ich beichten musste, dass unser Urlaub im Wert von 2200 Mark nun zu schwarzem, kunstharzlackiertem Blech geworden war. An die gute Essensgrundlage, denn mein trinkfestes Gegenüber schwankte stets zwischen Haben und Hergeben. Nach vielen Kölsch vom Fass dachte ich auch schon mal an die Jungfernfahrt – aber nicht im Traum an den Aspekt einer Geldanlage.

Natürlich brauchte ich den gelegentlich als Argumentation, wenn meine damals frisch Angetraute zu sehr maulte. Dazu bot der große Mercedes ständig Anlass (für Fachleute „300", im Volksmund „Adenauer" genannt, weil unser erster Kanzler diesen Typ fuhr). Da der Motor komische Klopfgeräusche von sich gab und das Getriebe sehr kratzig schaltete, kam mir die Kleinanzeige wie gerufen: „Unfall-300er für 1300 Mark zu verkaufen." Her damit. Und natürlich noch mehrere Tausen-

der für Umbauarbeiten (siehe Liste). Denn bei so einer Gelegenheit überholt oder erneuert man zweckmäßigerweise auch alle Verschleißteile. Als da sind: Kolben, Lager, Ventile, Ölpumpe, Lichtmaschine, Anlasser, Wasserpumpe, Vergaser und Zündverteiler. Das Fahrwerk erhielt neue Stoßdämpfer, die Vorderachse Spurstangen und Lenkung. Denn alles sollte ja wieder lange halten. Und wenn man gerade dabei ist, das Weihnachtsgeld der kommenden Jahre auszugeben, dann muss auch was fürs Auge getan werden. Das heißt markant: Neulackierung. Und hieß damals merkantil: 4000 Mark. So viel kostete die (im doppelten Sinne) Schwarzarbeit.

1974 rollten meine Frau und ich dann aber stolz zum Mercedes-Klubtreffen nach Ladenburg. Dort verbrachte Carl Benz seine späteren Schaffensjahre, dort trifft sich immer zu Pfingsten die Stern-Gemeinde. Damals war sie noch eine eingeschworene, uneitle Gemeinde, die auf den Neckarwiesen neben den Autos zeltete. Heute parken die teils überrestaurierten Jugendträume vor den Luxushotels der Umgebung.

Der Sechszylinder-Reihenmotor steht aufrecht im Vorderwagen

FOTOS: U. SONNTAG (8), W. DREHSEN

Zu einer Vollrestaurierung müsste die Karosserie vom Rahmen abgehoben werden. Das war anno 1973 aber noch nicht nötig

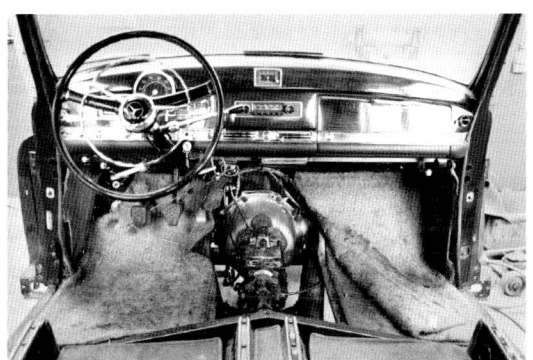

Zum Kupplungswechsel muss das Getriebe von innen gelöst werden

Unter den Matten ist Nadelfilz, darin nisteten unzählige Motten

Der Wagen war bei dieser Aufnahme 19 Jahre alt. Bis heute habe ich nie vergessen, dass nur ein oder zwei Schrauben wegen Rost abgerissen waren. Unter den Trittbrettern schützte zum Beispiel ein breites Fettband vor dem Verrosten. Das nenne ich heute noch deutsche Wertarbeit

Adenauer 300b von 1954 mit Eigner Diether Rodatz, Baujahr 1943

Wie jeder Infizierte selbst weiß, hört der finanzielle Aderlass nie auf. Denn immer öfter kommen Urinstinkte durch: Der Oldiefreak wird zum Jäger und Sammler. Auf Teilemärkten wird alles erlegt, was chromglänzt, zeitgenössisch ist und in Keller oder Garage passt. Ich zum Beispiel kaufte gleich zwei Stoßstangen (Stück für 300 Mark) und vier originale 7.10x15-Reifen (je 200 Mark). Als mir ein Becker-Nürburg-Radio für 100 Mark angeboten wurde, schlug ich wieder zu. Ich wusste: Und wenn auf Mittelwelle bloß noch Radio Hilversum krächzt (UKW hat das sieben Kilo schwere Röhrengerät nicht), es war damals schon das Zehnfache wert.

Rückblickend erkenne ich jetzt: Diese Teile waren die einzig profitable Geldanlage. Stoßstangen sind heute im neuwertigen Zustand nicht unter 2000 Euro zu bekommen, ein überholtes Becker-Nürburg kann leicht 5000 kosten.

Doch das ist alles blasse Theorie. Wer – wie ich – ein Auto über Jahrzehnte hegt und (leider viel zu wenig) pflegt, weil er in seinem Herzen einen riesigen Oldieparkplatz frei hat, der fängt besser gar nicht erst zu rechnen an.

Denn die Rechnung geht nur für den auf, der zwei nackte Zahlen betrachtet: den Kaufpreis von 1100 Euro anno 1973 und den heutigen Liebhaberwert, der beim jet-zigen Zustand bei 40 000 Euro anzusiedeln ist.

Daneben addieren sich die zahllosen kleinen Auslagen und die großen Reparaturen. Kommen noch Garagenmiete, Versicherung, Steuer (siehe Liste) und so weiter dazu. Aber ganz ehrlich: Welcher Fan will wirklich die ganze Wahrheit wissen? Wer so denkt, soll doch mit Aktien spekulieren und von Autos die Finger lassen. Kleinigkeit am Rande: Die vielen Umzüge produzierten auch viel Schildermüll. Mit H wie Hannover fing es an, dann schraubte ich D dran, mit den Jahren ME, OG, NE und schließlich OD. Das H steht heute steuersparend rechts auf dem Kennzeichen.

Ja, mein Auto ist viel herumgekommen. Höchsttempo 160 km/h habe ich dem Oldie nur einmal zugemutet, da war dann gleich ein Ventilsitz locker. Also reise ich heute so mit Tacho 120 über die Bahn, die sechs Zylinder summen friedlich, die zwei Fallstromvergaser verwandeln dann so um die 15 Liter Normal in brennbares Gemisch.

Oft habe ich bei Stopps bewundernd hören müssen: „Der ist doch sicher ein Vermögen wert!" Wäre er in der Tat, wenn er ein Cabriolet wäre. Oder ich ihn schlachten und in Einzelteilen verkaufen würde. Doch wer trennt sich schon von 125 PS und 1,8 Tonnen Blech, das viele Urlaube zuverlässig fuhr, Veteranentreffen fröhlich mitmachte, die Kinder groß werden sah und heute im Kollegenkreis als beliebte Hochzeitskutsche dient? Ich nie mehr.

FAZIT

Liebe ohne Leiden? Das geht nicht. Und Gewinn lässt sich mit einem Oldtimer selbst dann keiner machen, wenn dessen Wert massiv gestiegen ist. Schließlich fressen die Kosten, die über Jahrzehnte anfallen, meist alles davon auf. Wen das am Ende dieses Buches immer noch irritiert, der sollte sich über Oldtimer lieber als Zuschauer freuen. Alle anderen machen sich spätestens jetzt auf die Suche nach einem geeigneten Stück.

4,95 Meter hinreißende Seitenlinie. 1,8 Tonnen solides Blech. 62-Liter-Tank, Normalbenzin genügt ihm völlig

Sitze? Nein, Sessel. Vorn mussten nur die Keder-
bänder erneuert werden, die Fahrerseite etwas
aufgepolstert

Reichlich Beinfreiheit im Fond. An Kopfstützen
oder Sicherheitsgurte dachte anno 1954 keiner

Rückleuchten groß wie Briefmarken, bei Nebel
kaum zu erkennen

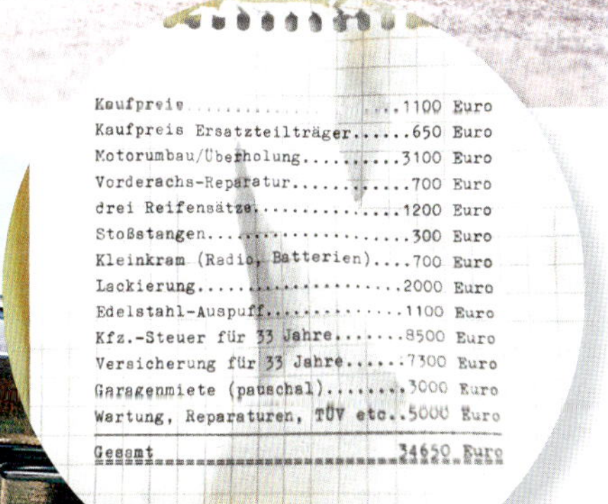

```
Kaufpreis.................1100 Euro
Kaufpreis Ersatzteilträger......650 Euro
Motorumbau/Überholung..........3100 Euro
Vorderachsa-Reparatur...........700 Euro
drei Reifensätze............1200 Euro
Stoßstangen...................300 Euro
Kleinkram (Radio, Batterien)...700 Euro
Lackierung...............2000 Euro
Edelstahl-Auspuff...........1100 Euro
Kfz.-Steuer für 33 Jahre......8500 Euro
Versicherung für 33 Jahre.....7300 Euro
Garagenmiete (pauschal)......3000 Euro
Wartung, Reparaturen, TÜV etc..5000 Euro
Gesamt               34650 Euro
```

Viergang-Lenkradschaltung,
zum Blinken wird am Hupring
gedreht, links der Hebel für die
Lichthupe (Extra). Das Becker-
Nurburg-Radio ist wieder mal
defekt. Die alten Röhren ... Unten der Zettel mit den ungefäh-
ren Kosten. Den habe ich eigentlich nur für diesen Bericht
geschrieben

Ein Sommermorgen, die Luft noch frisch, Sonnenstrahlen tanzen durch die Blätter. Die Straße ist frei, die Gedanken auch. Nur im Oldtimer entsteht dieses ganz besondere Gefühl von Zeitlosigkeit und Freiheit.

Auf was soll man sich mehr freuen:
auf die kurvigen Pässe oder auf die
zünftige Brotzeit in luftiger Höhe?
Im besten Fall ist der Weg das Ziel.
Und vor passender Kulisse wird das
Schmuckstück zum Star.

Bibliografische Information der Deutschen Nationalbibliothek
Die Deutsche Nationalbibliothek verzeichnet diese Publikation
in der Deutschen Nationalbibliografie; detaillierte bibliografische
Daten sind im Internet über http://dnb.dnb.de abrufbar.

1. Auflage
ISBN 978-3-667-11592-8
© Delius Klasing & Co. KG, Bielefeld

Redaktion: Thomas Wirth
Lektorat: Hanno Vienken

Das Buch entstand unter Verwendung von Texten von:
Karl-August Almstadt, Stefan Diehl, Markus Brass, Thorben Hauschildt,
Marc Keiterling, Andreas Keßler, Wolfgang König, Claudius Maintz
Jörg Maltzan, Andreas May, Frank B. Meyer, Jan-Henrik Muche,
Martin Puthz, Diether Rodatz, Frank Rosin, Frederik E. Scherer,
Christian Steiger, Michael Struve, Bernd Volkens, Stefan Voswinkel,
Georg Weindl, Thomas Wirth

Einbandgestaltung und Layout: Jörg Weusthoff, Weusthoff Noël
kommunikation.design, Hamburg
Lithografie: Mohn Media, Gütersloh
Druck: Druckerei APPL, aprinta druck, Wemding
Printed in Germany 2019

Delius Klasing Verlag, Siekerwall 21, D - 33602 Bielefeld
Tel.: 0521/559-0, Fax: 0521/559-115
E-Mail: info@delius-klasing.de
www.delius-klasing.de